KB216165

우리가 지켜야 할 우리 나무

은행나무

우리가
지켜야 할
우리
나무
은행나무
고규홍
다산기획

나무와 더불어 살아가는
아름다운 내일을 꿈꾸며

천 년을 품어온 나무의 이야기를 들으려 온종일 나무 주위를 서성이면서 나는 십이 년의 세월을 온전히 나무 앞에 내어놓고 살아왔어요. 나무의 속살거림에 몰두할수록 나무들은 나를 반겨 맞이했고, 숨겨두었던 이야기들을 넉넉하게 풀어냈습니다.

나무들은 빨강 · 파랑 · 노랑, 짙은 색 크레파스로 색칠한 것만큼 아름다운 이야기를 조근조근 들려주었어요. 모두가 동화처럼 아름답고 따뜻한 이야기들이었지요. 그리 아름다운 이야기만 골라서 들려준 건 아마 나무들도 이 땅의 아이들을 먼저 떠올린 까닭일 거예요. 나무들을 찾아다닌 모든 길에는 언제나 아이들의 아름다운 마음이 함께했지요. 덕분에 나무를 찾아다니는 고된 길이 즐겁고 행복했습니다.

나무를 찾아다니며 나무 이야기를 들으려 했는데, 나무는 내게 사람 이야기를 들려주었습니다. 나무가 들려준 이야기는 이 땅에서 살아온 우리 아버지, 아버지의 아버지, 또 그 아버지의 아버지들이 살아온 평범한 살림살이 이야기였어요. 나무에 기대어 앉아 나무줄기에 귀 기울이면, 내 어머니 아버지가 살아온 옛이야기를 듣는 것처럼 편안하고 따뜻했습니다.

나무는 우리 조상의 삶 자체였어요. 나무줄기 속, 보이지 않는 나이테에 기록된 건 수백 수천 년을 이어온 우리 민족의 문화였고, 역사였습니다. 나무는 그렇게 긴 세월 동안 줄기 속에 고이 담아두었던 숱한 이야기들을 천천히 그러나 끊임없이 들려주었습니다. 한 번 풀어내기 시작한 나무들은 어떤 이야기책이나 역사책 못지않게 풍성한 이야기들을 풀어 놓았지요.

이야기들은 하나같이 흥미진진했고, 어머니의 품처럼 따뜻했습니다. 나무가 삼백 년, 오백 년, 혹은 천 년이 넘도록 자신의 이야기를 흥미롭게 들어줄 사람들을 기다려 왔던 까닭이겠지요. 그 나무 앞에 내가 서 있다는 게 무척 행복했고 자랑스러웠습니다.

그렇게 이 땅을 지키며 살아온 대표적인 나무가 소나무 · 느티나무 · 은행나무입니다. 우리 민족 문화의 가장 중요한 알갱이가 바로 이 세 종류의 나무에 담겨 있어요. 우리나라 사람들이 가장 좋아하는 소나무에는 선비들의 지조와 절개가 담겨 있고, 마을 어귀마다 서 있는 느티나무에는 지극히 평범한 우리 어머니 아버지의 삶이 생생하게 녹아 있어요. 또 살아 있는 생명체 가운데 가장 강인한 생명력을 가진 은행나무는 불교와 유교의 건축물과 선비들의 글방 앞에서 학문 연구의 상징으로 살아남았습니다.

세 종류의 나무 이야기를 한꺼번에 우리 아이들에게 들려줄 수 있게 돼 참으로 기뻐요. 지금 이 책을 펼쳐든 아이들이야말로 이 땅의 내일을 더 아름답게 꾸며나갈 주인들이라는 생각에서 더 그렇습니다.

이제 가만히 나무 그늘에 들어서서 나무가 내쉬는 날숨을 한껏 들이마시고, 또 내 몸을 돌아 나온 나의 날숨은 나무에게 꼭 필요한 들숨이 된다는 걸 느껴야 합니다. 그렇게 나무와 더불어 살아 있음을 느끼는 순간이 곧 이 땅의 내일을 더 아름답게 이루어낼 수 있는 마음 다짐의 첫걸음이기 때문이에요.

소나무 · 느티나무 · 은행나무들이 풀어낸 이야기를 담아낸 이 세 권의 책이 아이들의 그 힘찬 걸음걸이에 힘을 보탤 수 있기를 바랍니다. 그래서 우리 아이들과 함께 이 땅의 내일이 더 아름답고 풍요롭게 다가오기를 간절히 소망합니다.

2010년 겨울

고규홍

차례

2부_ 은행나무와 우리 문화

3부_ 우리 은행나무 지키기

장하다, 은행나무야!

가을 풍경을 이야기할 때 가장 먼저 떠오르는 게 무엇인가요? 가을이 되면 어김없이 샛노란 잎사귀를 흔드는 은행나무가 떠오르지 않나요? 가을에 들어서면서 습기가 적고, 일교차가 큰 날씨가 이어지면 단풍은 아름답습니다. 특히 여름 무더위가 견디기 힘들 만큼 혹독했다면 가을 단풍은 더 아름답습니다.

은행나무는 지구에서 가장 오래 살아남은 나무 가운데 하나입니다. 공룡이 살았던 시절에도 있었던 나무여서 공룡 상상도 같은 그림의 배경에 곧잘 등장하지요. 은행나무가 처음 지구에 나타난 것은 약 3억 년 전입니다. 그 시절의 화석에서 은행나무의 흔적을 찾을 수 있어서 '화석나무' 라고도 합니다.

은행나무는 아마 지구에서 가장 오래 살아 있는 생명체 가운데 하나일 겁니다. 3억 년 전부터 이 땅에 살았다니, 2억 5000년 전쯤에도 은행나무는 당연히 있었겠지요. 그즈음이 중생대이며 공룡이 살던 시대이지요. 처음에는 은행나무에게도 몇 종류의 친척이 있었어요. 친척이라는 말이 조금 이상한가요? 간단히 말하면, 같은 종류의 비슷한 나무들을 식물학에서는 사람들의 친척처럼 나누어 이야기하지요. 목련 중에는 백목련과 자목련이 있잖아요. 그러면 백목련과 자목련은 목련이라는 한 조상을 가진 친척으로 보는 거죠.

대부분의 식물은 그런 식으로 친척을 갖게 마련입니다. 바닷가에 사는 곰솔과 줄기가 여럿으로 나뉘어 자라는 반송이나 육지에 사는 소나무가 모두 친척 관계이고, 잎사귀가 길쭉한 긴잎느티나무나 둥글게 나는 둥근잎느티나무, 그리고 평범한 느티나무가 서로 친척인 겁니다.

은행나무도 처음엔 그렇게 몇몇 친척 나무가 있었지요. 그런데 빙하기와 같은 힘든 세월을 살아오는 동안 은행나무의 친척들은 지구에서 모두 사라졌어요. 은행나무의 조상한테서 나온 여러 종류의 은행나무

의 친척들은 모두 사라지고 오로지 지금 보는 은행나무 한 종류만 남아 있다는 이야기입니다. 어쩌면 살아남기 어려운 시절을 잘 이겨낸 흔적으로 볼 수도 있겠지요.

오랜 세월 동안 많은 위기를 넘기며 살아온 나무이니만큼 은행나무는 생명력이 아주 뛰어납니다. 은행나무의 생명력을 이야기하면 떠오르는 나무가 있어요. 일본의 은행나무예요. 일본에는 2차 세계대전 때 원자폭탄이 투하됐던 곳이 두 곳 있지요. 그 중 하나인 히로시마에 은행나무가 있어요. 원자폭탄이 떨어졌던 곳에서 불과 800미터 떨어진 곳입니다.

원자폭탄이 떨어지고 나서, 과학자들은 현장을 찾아가서 생명체가 살아 있을 가능성을 알아봤어요. 그때 과학자들은 생명체가 살아 있을 가능성이 전혀 없다고 결론 내렸습니다. 사람은 물론이고, 동물이든 식물이든 그 참혹한 현장에서 살아남을 수는 없다고 본 겁니다.

나무 몇 그루는 줄기 정도가 남아 있었지만, 이미 새카맣게 타들어갔으니 살아 있으리라고 생각할 수 없었지요. 그런데 이듬해 봄, 새카맣게 타버린 은행나무 줄기에서 새싹이 돋아났어요. 아주 더딘 속도였지만, 히로시마의 은행나무가 차츰 살아나기 시작한 겁니다. 히로시마에서는 원자폭탄을 견뎌낸 유일한 생명체인 이 나무를 잘 보호하고 있으며, 아울러 전쟁의 피해를 보여 주는 교훈으로 삼았습니다.

어떤 생명체도 살아남을 수 없다고 했던 과학자들의 판단까지도 깨뜨리고 살아난 은행나무의 생명력은 놀랍기만 합니다. 하기야 이 땅에서 살아온 3억 년 동안 은행나무가 겪어야 했을 위험한 일들은 우리가 다 상상하기 어려울 정도겠지요. 그런 위험을 모두 이겨냈으니, 살아남을 힘이 대단하다는 건 어쩌면 당연한 일이겠지요.

은행나무는 지구의 많은 생물이 한꺼번에 멸종 위기를 겪었던 신생대에 함께 사라진 나무로 알려졌어요. 기껏해야 화석으로만 은행나무의 흔적을 찾을 수 있을 정도였는데, 중국에서 살아 있는 은행나무를 찾게 됐어요. 멸종 위기를 이겨낸 훌륭한 나무였지요. 그때부터 중국을 중심으로 전 세계로 퍼져 자라게 됐어요. 그러니까 지금 살아 있는 은행나무들은 모두 신생대 이후 중국에서 살아남은 은행나무 몇 그루로부터 퍼져 나온 나무라고 보면 됩니다.

은행나무는 먼저 중국에서 가까운 지역으로 퍼졌을 겁니다. 우리나라와 일본이 먼저였겠지요. 우리나라와 중국, 일본을 바탕으로 해서 전 세계로 퍼져 나간 나무가 된 겁니다. 그러다 보니, 은행나무를 '동양의 나무' 라고 부르기도 합니다.

은행나무는 아주 오래전에 우리나라에 들어와서 이제는 우리 나무라 해도 어색하지 않을 만큼 친숙한 나무가 되었어요. 그래서 지금은 오래된 은행나무를 불교나 유교의 건축물에서 많이 볼 수 있습니다. 물론 요즘은 도시에서도 가로수로 많이 심고 있지요.

우리나라에서
가장 아름다운
은행나무

나무와 함께 살아온 우리 조상은
소중한 사람살이 이야기를
은행나무에 담아 전하고 있습니다.

그래서 오래 산 큰 은행나무라면 대부분 전설 하나쯤은 가지고 있어요.

강원도 원주시 문막읍 반계리를 지나다 보면, 매우 커다란 은행나무를 만날 수 있습니다. 이 은행나무는 나이가 무려 1000살을 넘었다고 하는데, 우리나라에 살아 있는 은행나무 가운데 가장 아름다운 나무라 해도 손색이 없는 훌륭한 나무입니다. 이 은행나무에도 어김없이 흥미로운 전설이 전해옵니다.

이 나무를 누가 심었느냐에 대한 전설이지요. 나무 하나에 두 가지 전설이 동시에 전하는데, 하나는 옛날에 이 마을에 살던 이씨 가문의 한 어른이 심었다는 평범한 이야기입니다. 또 다른 이야기는 이름이 알려지지 않은 어떤 스님의 지팡이와 관계된 전설이지요.

천 년 전 어느 날이었어요. 어진 스님 한 분이 이곳을 지나가게 되었습니다. 스님은 목이 말라서 근처에 있던 우물에서 물 한 바가지를 떠 마신 뒤, 다리쉼을 했어요. 오래 걸은 탓에 목이 말랐던지 우물물 한 바가지가 참으로 고마웠습니다. 우물 곁에 주저앉아 땀을 식히며 마을을 바라보는데, 참 평화로워 보였습니다. 그래서 스님은 이 자리를 표시해 두었다가 나중에 다시 한 번 찾아와야겠다고 생각하고는 그동안 짚고 다녔던 지팡이를 우물가에 꽂았습니다. 그 지팡이가 뿌리를 내리고 무럭무럭 자라, 천 년의 세월을 거쳐 이토록 훌륭한 나무가 됐다고 합니다.

이 나무처럼 훌륭한 스님이나 도인들이 꽂아둔 지팡이가 큰 나무로 자라났다는 전설은 참 많습니다. 그런 전설을 특별히 삽목揷木 전설이라 하는데, 뒤에서 더 자세히 살펴보도록 하지요.

전설도 전설이고 나이도 나이지만, 그런 걸 다 제쳐 두고라도 반계리 은행나무는 참 잘생긴 데다 규모도 우리나라 최고에 속하는 나무입니다. 천연기념물 제167호로 지정된 이 나무는 키가 32미터나 됩니다. 대단하지요. 나무의 키를 이야기할 때에 흔히 아파트와 같은 건물 몇 층 높이 정도일지 따져 보는데, 이 나무는 아파트 11층 높이 정도 될 거예요.

이 나무가 다른 은행나무에 비해 더 우람해 보이는 것은 사방으로 가지를 넓게 펼쳤기 때문입니다. 동서로 35미터, 남북으로 34미터나 퍼졌으니 어떤 은행나무도 이 나무의 품을 따라잡기 어렵습니다.

그렇게 넓은 품을 가진 나무여서인지 참으로 표정이 다양해요. 나무가 표정을 가졌다니, 이상하게 들릴 수 있겠네요. 달리 말해서 나무의 생김새나 분위기가 수천수만 가지로 변한다고 이야기하면 쉽게 이해할 수 있겠지요. 그래요. 이 나무는 바라보는 위치에 따라 참으로 다양한 모습을 보여줍니다.

사람도 그렇잖아요. 오른쪽 얼굴과 왼쪽 얼굴이 조금씩 다르다고 하지요. 그것처럼 나무들도 보는 방향에 따라 서로 다른 모습으로 나타난다는 이야기입니다. 특히 큰 나무라면 차이는 조금씩 더 벌어집니다. 9쪽 사진과 12쪽에 있는 사진을 한번 보세요. 이게 같은 나무라고 생각할 수 있나요? 사진에는 주변 풍광이 함께 드러나 있으니 한 나무라고 생각하겠지만, 만일 주변 풍광을 다 지워 버리고 오로지 이 은행나무만 떼어놓는다면 같은 나무라고 믿기 어려워집니다.

작은 나무도 그렇지만, 큰 나무를 찾아다닐 때에는 한쪽만 보고 다 본 것처럼 생각하면 안 돼요. 나무를 관찰할 때에는 반드시 나무 주위를 한 바퀴 이상 빙 돌면서, 그 나무의 분위기를 관찰해야 합니다.

나무의 표정을 이야기했으니 한 가지 덧붙이지요. 나무 주위를 빙 돌았다 해서 나무가 지어내는 모든 표정을 한꺼번에 볼 수 있는 것도 아닙니다. 동녘에서 해가 떠오를 때 나무가 보여주는 표정과 해가 머리 위로 높이 올랐을 때, 그리고 노을 질 무렵의 표정은 또 다르거든요. 그뿐 아닙니다. 봄에 잎이 돋을 무렵, 잎 나고 꽃 필 때, 여름철 잎이 무성할 때, 가을에 단풍 들었을 때, 그리고 잎 다 떨어뜨리고 가지만 남았을 때의 모습이 모두 다릅니다. 그래서 나무를 관찰하는 사람들은 흔히 나무 한 그루를 제대로 보려면 적어도 2년이 걸린다고 이야기하지요.

아, 참. 이 나무를 찾아가면 조심해야 할 게 있어요. 줄기 안에 천 년도 더 된 흰 뱀이 둥지를 틀고 산다고 하거든요. 가까이 다가갔을 때, 거대한 흰 뱀이 화들짝 튀어나올지도 몰라요. 믿거나 말거나 이 나무에 오랫동안 전해오는 또 다른 전설입니다.

은행나무는 어떤 나무일까?

1부

은행나무는 얼마나 오래 살까

3억 년 전에 이 땅에 자리 잡은 은행나무는 얼마나 오래 살 수 있을까요? 은행나무 한 그루가 얼마나 오래 사는지에 대한 의문은 쉽게 풀리지 않습니다. 은행나무뿐 아니라, 다른 나무에게도 이건 무척 어려운 질문에 속합니다. 심지어는 오래된 나무의 나이를 재는 것조차 쉬운 일이 아니거든요.

아, 나이테를 헤아리면 된다고요? 맞아요. 나무의 나이테에는 나이가 정확히 새겨져 있어요. 나무를 베어내지 않고 줄기 안쪽에 새겨진 나이테를 헤아릴 수도 있답니다. 아주 예리한 드릴로 나무줄기 한가운데에 구멍을 뚫는 방법이지요. 줄기에 구멍을 뚫어 안쪽 부분을 조심스럽게 꺼낸 다음 그 부분의 나이테를 헤아리면 되는 것이지요.

하지만 이 방법에도 문제가 있어요. 나무가 살아가는 데에 가장 중요한 부분은 줄기 안쪽이 아니라 껍질 부분입니다. 껍질 가까운 곳에 수관이 있어요. 수관은 나무뿌리에서부터 나뭇가지 꼭대기의 작은 잎사귀까지 물과 영양분을 오가게 하는 통로입니다. 이 통로만 망가지지 않으면 나무는 건강하게 살 수 있어요. 수관이 있는 부분을 변재邊材라고 합니다. 변재만 튼튼하면 나무는 잘 살 수 있습니다.

문제는 줄기 안쪽입니다. 오래된 나무들은 대개 줄기 안쪽이 썩게 되지요. 줄기 안쪽은 생명에 그다지 큰 영향을 미치지 않고 나무가 튼튼하게 서 있도록 하는 역할을 주로 해서, 적당히 두께가 굵어지면 맨 안쪽의 중심 부분이 썩어들어요. 오래된 나무를 베어 보면, 안쪽이 텅 빈 경우를 종종 보게 되는 것도 그런 이유에서입니다.

나이테는 줄기 안쪽에서부터 한 해에 하나씩 켜가 쌓이는데, 안쪽으로 들어갈수록 촘촘합니다. 촘촘하다는 것은 그 부분에 더 많은 나이가 새겨져 있다는 뜻인데, 바로 이 부분이 썩어서 흔적도 없이 사라졌으니, 나이테로 나이를 헤아리는 게 불가능해집니다. 다른 방법 없을까요?

오래된 화석의 나이를 재는 방법 가운데 탄소연대측정법이 있어요. 매우 과학적인 이 측정법은 대략 6만 년 전까지의 나이를 정확히 측정합니다. 이 탄소연대측정법을 이용하면 오래된 나무의 나이를 잴 수도 있겠다고 생각되지만 여전히 문제가 있어요. 탄소연대측정법으로 나무의 나이를 가늠하려면 나무의 조직 가운데 가장 처음에 만들어진 조직을 얻어야 하지요. 그런데 가장 오래된 부분인 나무의 안쪽 부분은 이미 썩어서 없어졌기 십상이지요. 끊임없이 새로 만들어지는 나무의 새로운 세포 조직이 아니라, 가장 오래된 세포 조직은 찾을 수 없다는 겁니다.

그것 참 어려운 일이네요. 그런데도 이 나무가 500살이다, 1000살이다 이야기하는 건 무엇을 근거로 하는 이야기일까요?

우선 나무의 크기와 상태를 보고 나이를 짐작하는 거지요. 이거야말로 짐작이지, 정확한 측정은 될 수 없어요. 이를테면 적당히 습기도 있고, 물도 잘 빠지는 기름진 땅이고, 전형적인 중부 지방의 기후를 가진 곳의 은행나무는 100년 정도 자라면 키가 20미터쯤 되고, 그 뒤로는 조금 천천히 자라서 200년 지나면 25미터쯤 되고, 나뭇가지는 사방으로 15미터쯤 펼친다는 정도는 평균적으로 알 수 있습니다. 그런 관찰의 결과를 다른 오래된 나무들에 대입하는 겁니다. 같은 조건에서 자란 나무가 만일 50미터까지 자랐다면 400년을 자란 걸로 보자는 식입니다. 그러나 그 방법 역시 짐작일 뿐이지요. 400년 동안 기후가 변할 수도 있고, 땅의 상태 역시 바뀔 수 있잖아요.

끝으로 가장 쉬운 방법은 나무를 심었을 때의 기록을 찾아보는 겁니다. 누가 언제 이 나무를 심었는지 알 수 있다면 더 따질 필요 없이 그 기록을 믿으면 됩니다. 때로는 입에서 입으로 전하는 마을 사람들의 이야기가 믿을 만한가를 점검해 보고, 그 이야기를 따르기도 합니다. 그런데 기록이나 이야기로 나무의 역사를 알 수 있는 경우는 그리 많지 않아요. 게다가 믿기 어려운 기록이나 이야기도 있답니다.

결국 오래된 나무의 나이를 정확히 잰다는 것은 거의 불가능에 가깝습니다. 이처럼 살아 있는 나무의 나이조차 정확히 측정하기 어려운데, 나무가 앞으로 얼마나 더 오래 살지 판단하는 건 더 어려운 일이지요. 그 나무가 수명을 다해 죽을 때까지 살아 있을 사람이 많지 않기 때문입니다. 나무의 나이를 정확히 측정하려면 앞으로는 기록도 많이 남기고, 더 과학적인 방법도 찾아내야 할 겁니다.

우리나라에 지금까지 살아 있는 은행나무 가운데에는 얼마나 오래된 나무들이 있을까요? 산림청의 보호수 관련 자료를 살펴보는 게 가장 빠른 대답을 얻는 방법입니다. 산림청에서는 우리나라의 나무 가운데 오래됐거나 훌륭한 생김새를 갖추어서 보호할 가치가 있는 나무들을 보호수로 지정해 보호하거든요. 2010년 가을을 기준으로 보호수로 지정된 은행나무는 무려 700 그루 정도나 됩니다.

산림청 보호수 가운데 가장 오래된 은행나무는 경기도 구리의 대한석유개발공사 안에 있는 1200살 된 나무입니다. 이 지역은 일반인이 들어갈 수 없는 출입금지 구역이어서, 누구나 볼 수 없는 게 안타깝습니다. 키도 50미터나 되고 잘생긴 나무인데, 쉽게 볼 수 없어 정말 아쉬

워요. 이 나무를 마을에서는 '우미내 은행나무' 라 부르는데, 우리나라의 은행나무 가운데에는 가장 오래된 나무 중의 하나입니다.

이 나무와 함께 천 년을 넘게 살아온 나무는 열세 그루가 있습니다. 아마 나이로 치면 은행나무가 우리나라에서 최고로 장수한 할아버지 할머니이지 싶습니다. 그다음으로 500살에서 1000살 사이에 드는 나무는 무려 225그루라고 기록돼 있고, 400살에서 500살 사이의 나무도 140그루나 됩니다.

오래된 나무 가운데 국가에서 따로 보호해야 할 만큼 귀중한 나무는 천연기념물로 지정하는데, 은행나무 중에는 22그루가 천연기념물로 지정됐지요. 18그루가 지정된 느티나무보다 훨씬 많습니다. 소나무에 이어 두 번째로 많아요.

사실 소나무의 경우, 중국에서 들어온 '백송' 5그루를 비롯해 줄기가 여럿으로 자라는 '반송' 7그루, 바닷가에서 자라는 '곰솔' 5그루, 가지가 땅으로 처지는 '처진소나무' 4그루까지 포함한 것이니, 소나무 한 가지만으로는 12그루밖에 안 됩니다.

우리나라의 천연기념물로 가장 많이 지정된 나무의 종류로 은행나무를 꼽아도 틀리지 않습니다. 처음에야 중국에서 들어왔다고 하지만, 은행나무는 다른 어떤 나무보다 우리 민족과 오랫동안 함께 살아왔고, 또 우리 옛 조상이 유난히도 아껴왔던 나무이기 때문입니다.

천 년의 역사를 품은 천왕목

나무가 좋다! **양평 용문사 은행나무**

천 살을 넘긴 나무 가운데,
한때 아시아에서 가장 큰 은행나무로 알려졌던 나무가 있어요.

아시아에서 가장 큰 나무라면, 세계에서도 가장 큰 은행나무 아닐까요. 은행나무는 아시아에서 퍼져 나간 나무이니, 역시 아시아에서 가장 잘 자랄 테니까요.

이 나무는 경기도 양평의 오래된 절 용문사에 있어요. 우선 이 나무에 대한 공식 기록부터 살펴보지요. 이 나무는 1962년에 천연기념물 제30호로 지정됐어요. 그때 기록을 보면 나무의 키는 60미터였습니다. 그보다 43년 전의 기록도 있어요. 일제 강점기인 1919년에 일본 사람들이 잰 기록은 63.6미터예요. 워낙 큰 나무이니, 오차가 있을 수 있지요. 어쩌면 40년 사이에 나무 꼭대기에서 하늘로 치솟아 올랐던 큰 가지가 부러져 키가 줄어들었을 수도 있겠지요. 60미터든, 63.6미터든 이 정도면 전 세계의 은행나무 가운데에서 가장 키가 큰 나무입니다. 대단하죠?

그리고 40년 지난 2002년에 문화재청에서 다시 이 나무의 키를 쟀어요. 결과는 놀라웠습니다. 40년 전보다 7미터나 더 큰 67미터였어요. 67미터가 얼마나 높은 건지 짐작할 수 있나요? 고층 건물들과 비교해 볼까요? 한 층 높이를 3미터쯤으로 보면 이 나무의 키는 20층을 훨씬 넘는 셈이지요. 좀 감이 잡히나요? 어마어마한 크기입니다.

나무가 너무 크다 보니, 정밀장비가 아니면 정확히 키를 측정할 수 없습니다. 나무의 높이를 측정하는 방법은 여러 가지가 있는데, 문화재청이 좋은 장비로 측정한 것이니, 정확한 결과일 겁니다.

그런데 이 나무의 키에 대해서 다른 주장을 하는 분도 있어요. 문화재청 조사가 발표되고 3년 뒤인 2005년에 KBS 텔레비전에서 나무 전문가인 서울대 교수님과 함께 이 나무를 조사했어요. 이때 건물 높이를 측정하는 전문가께서 건물 높이를 측정하는 방식으로 나무의 키를 쟀는데, 결과는 놀랍게도 39.21미터였습니다. 양쪽 다 정밀한 장비로 측정했는데, 차이가 커서 당황스럽기도 하고요. 사실 67미터가 아니라 39미터라 해도 매우 큰 나무임은 분명합니다. 그러나 67미터라면 세상에서 가장 큰 은행나무이고, 39미터라면 가장 큰 나무는 아니에요. 일본에서 가장 큰 은행나무가 48미터라고 하니, 1등 자리를 내주어야 합니다.

나무의 키를 놓고 서로 다른 의견이 오가던 중에 문화재청에서는 이 나무의 키를 2010년 봄에 슬그머니 42미터로 고쳤어요. 세밀한 발표가 없어서 내용을 정확히 알 수는 없지만, 아마도 문화재청의 옛 발표에 문제가 있었던 듯합니다. 결국 세계 최고라는 명예는 내려놓았지만, 이 나무는 굳이 세계 최고이기 때문에 소중한 것이 아니에요. 여전히 우리 삶을 더 풍요롭게 지켜주는 나무라는 점만으로도 우리가 앞으로 더 오래 지키고 사랑해야 할 나무입니다.

용문사 은행나무는 도대체 얼마나 오래 살았을까요? 이 나무는 1000년 넘게 살았습니다. 나무에 전하는 두 전설로 나이를 짐작할 수 있어요. 하나는 신라시대의 큰 스님인 의상대사가 짚고 다니던 지팡이를 꽂아둔 것이 이리 크게 자랐다는 전설입니다. 또 하나는 신라 마지막 임금이었던 경순왕의 아들인 마의태자에 얽힌 전설이에요.

신라가 고려에 굴복한 건 935년의 일입니다. 그때 마의태자는 나라를 지키지 못한 왕자로서 어찌 하늘을 바라보고 살 수 있겠느냐며, 산속으로 들어갑니다. 마의태자는 경주에서부터 금강산까지 걸어가다가 용문사에 들르게 된 거죠. 용문사 은행나무는 그때 마의태자가 나라 잃은

슬픔을 안고 심은 나무라고 합니다. 이 전설을 바탕으로 하면 나무의 나이가 1100살 정도 됩니다. 나이가 이렇게 많아도 여전히 용문사 은행나무는 가을에 열매를 많이 맺는답니다. 한창 때에는 나무에서 털어낸 은행 열매가 무려 서른 가마니나 됐다는데, 요즘은 두어 가마 정도로 양이 줄었어요. 하지만, 여전히 열매를 맺는 게 신기합니다.

긴 세월을 살면서 이 나무라고 어찌 위기가 없었겠어요. 특히 우리나라의 많은 절이 조선시대 때 임진왜란을 겪으며 불에 타 흔적도 없이 사라진 경우가 많습니다. 용문사도 임진왜란 때 절집 건물은 모두 불에 탔어요. 그런데, 그때에도 이 나무는 용하게도 불길을 버티며 잘 살아남았어요. 참으로 장한 나무예요. 사람들은 이 나무를 매우 신성하게 여기면서 '천왕목'이라는 별명까지 붙여 주었어요. '천왕'은 하늘의 왕이니, 천왕처럼 나무 가운데 최고로 높은 왕이라는 뜻입니다.

장하게 살아남은 용문사 은행나무는 조선 세종 때에 당상관 벼슬까지 받았습니다. 당상관은 '정삼품'에 해당하는 꽤 높은 벼슬이랍니다. 그러니까 소나무 가운데 벼슬을 한 정이품송이 있다면, 은행나무 가운데에는 정삼품의 용문사 은행나무가 있는 겁니다.

오래 살아서인지, 용문사 은행나무는 놀라운 신통력을 가진 나무로도 소문나 있지요. 한국전쟁과 같은 나라 안의 걱정거리가 있을 즈음이면 울음소리를 내서 예고했다는 겁니다.

용문사와 주위 마을에서는 해마다 한 번씩 나무에 제사를 올리며 마을의 평화를 빌었어요. 최근에는 이 제사를 양평군 전체의 축제로 발전시켜, 은행잎이 노랗게 물드는 가을에 '천 년 은행나무 축제'를 열고 있어요.

나무의 크기는 무엇을 기준으로 이야기할까요? 나무의 규모를 잴 때는 두세 가지 정도를 중요하게 따집니다. 물론 첫째는 키, 전문용어로는 수고樹高, 즉 나무의 높이입니다. 나무가 얼마나 크게 자랐느냐를 측정하는 데에 가장 중요한 요소가 되겠지요. 그러나 키만으로 나무의 전체 규모를 이야기할 수 없어요.

키만큼 중요하게 따지는 게 어른 몇 사람이 둘러서야 나무를 둘러 안을 수 있느냐는 겁니다. 그걸 '가슴높이 줄기둘레', 식물학의 전문 용어로는 '흉고직경' 혹은 '흉고둘레'라고 합니다. 여기에서 말하는 흉胸은 가슴을 뜻하고 고高는 높이를 뜻하니, 글자 그대로 우리말로 풀어쓰면 '가슴높이'가 됩니다. 바로 줄기의 규모를 알려주는 수치가 되겠지요.

줄기의 규모를 측정할 때, 둘레를 잴 수도 있지만 때로는 지름으로 표시하기도 합니다. 어느 쪽으로 표시하든 나무의 규모를 표시하는 기준인데, 지름보다는 둘레를 더 많이 씁니다. 아마도 몇 사람이 둘러서면

이 나무의 줄기를 안을 수 있을까 하는 의문을 풀기에 쉽기 때문일 겁니다.

여기에도 약간의 의문은 남아요. 이를테면 사람 가슴높이라고 했는데, 사람마다 키가 다르고 그만큼 가슴높이도 다르잖아요. 만일 키가 180센티미터인 어른이라면 가슴높이가 130센티미터 높이쯤 될 것이고, 140센티미터 키의 어린이라면 100센티미터쯤을 가슴높이라고 해야 맞겠지요. 그러니 참 애매한 방법입니다.

정확히 어느 높이에서 재야 하는지를 알 수 없어서 대강 120센티미터에서 130센티미터 사이의 높이쯤에서 둘레를 잽니다. 그러나 만일 그

부분에 마침 툭 튀어나온 혹이라도 있다면 그 혹을 포함해야 하는지, 혹을 빼고 나머지 부분만을 재야 하는지도 분명하지 않아요. 워낙 다양한 생김새로 자라는 생명체이다보니 일관된 기준을 갖기 어려운 겁니다.

또 줄기가 둘이나 셋, 혹은 더 많은 수로 갈라지며 자랐다면 어떻게 해야 할까요? 참 어려운 일입니다. 실제로 그런 경우가 적지 않거든요. 그럴 때는 할 수 없이 가슴높이 줄기둘레 대신에 뿌리 근처 줄기둘레라 해서 땅 바로 윗부분의 줄기둘레를 잽니다.

정리하자면 처음에는 키를 재고, 둘째로 줄기의 규모를 재야 하는데, 대부분은 가슴높이 부분에서 줄기의 둘레를 재고, 그게 불가능할 때에는 뿌리 근처의 둘레를 잰다는 겁니다. 그냥 편안하게 이야기하면 키가 얼마나 크고, 몸은 얼마나 우람하느냐 하는 게 되겠지요.

대부분의 나무는 그 두 가지로 규모를 파악할 수 있지만 더욱 정확히 나무의 크기를 알기 위해서 한 가지 덧붙이는 경우가 있습니다. 전문 용어로는 수관樹冠폭, 우리말로 옮기면 가지펼침입니다. 그러니까 나뭇가지 윗부분이 동서남북 각 방향으로 얼마나 넓게 퍼졌는가를 알아보는 것입니다.

대개 나무 크기는 키와 가슴높이 줄기둘레 두 가지를 기본으로 하고, 가끔은 가지펼침을 추가한다고 기억해 두면 됩니다. 이건 앞으로도 나무 이야기를 할 때마다 나오니, 잘 기억해 두세요.

여기서 잠깐, 궁금한 게 있을 듯하네요. 그러면 땅속에 숨어 있는 뿌리 부분은 얼마나 큰 규모일까 하는 겁니다. 작은 나무라면 금방 캐내어 살펴보면 되겠지만, 키가 30미터가 넘는 큰 나무들은 뿌리를 확인하는 게 거의 불가능합니다. 1000년을 넘게 살아온 큰 나무들을 볼 때마다 나에게도 그런 궁금증이 커진답니다. 이 큰 나무의 뿌리는 1000년 동안 얼마나 깊숙이, 또 얼마나 멀리 뻗었을까 하는 의문 말입니다.

모든 식물이 꼭 그런 건 아니지만 대개의 나무들은 땅속에서 자라는 부분과 땅 위로 드러난 부분의 표면적이 거의 비슷하다고 보면 됩니다. 전체 크기가 아니라 표면적이에요. 표면적이라 하면, 껍질 부분의 넓이라는 건 잘 아시죠?

그런데, 꽉 막힌 땅을 뚫고 뻗어나가는 일은 땅 위에서 나뭇가지를 펼치는 일보다 어려울 겁니다. 그래서 나무들은 땅속에서 굵은 뿌리가 아니라 잔뿌리를 많이 내려서 겉넓이를 넓힙니다. 가느다란 뿌리는 땅속에서 뻗어 나가기가 쉬울 테니까요.

가끔 큰 나무를 옮겨심기 위해서 뿌리 부분을 흙과 함께 통째로 들어내는 걸 본 적 있을 거예요. 흙과 함께 들어내기 때문에 뿌리를 낱낱이 확인할 수는 없지만, 얼핏 보아도 잔뿌리들이 무수히 뻗어 있는 것만큼은 쉽게 볼 수 있습니다.

큰 돌을 들여 지켜낸 은행나무

우리나라의 은행나무 가운데에는
아주 특별한 나무가 있습니다.

이 나무는 아마도 은행나무뿐 아니라, 우리나라의 모든 나무를 통틀어서도 특별할 뿐 아니라, 전 세계적으로도 기록해 둘 만큼 특별한 나무입니다.

경상북도 안동시 길안면 용계리라는 산골짜기에 홀로 우뚝 서 있는 큰 은행나무입니다. 이 나무의 키는 무려 31미터나 됩니다. 도시의 평균 빌딩 높이로 10층이 넘는 대단한 키입니다. 나이도 700살이나 됐습니다. 용계리 은행나무가 특별한 건 크기나 나이 때문만이 아닙니다. 왜 특별한 나무인지 하나하나 이야기해 봅시다.

이 나무는 700년 동안 이 자리에서 자란 것이 아닙니다. 원래는 이 마을에 있던 용계초등학교의 운동장 한편에서 자라던 나무였지요. 나무는 초등학교 운동장에서 이 마을 아이들과 함께 평화로운 나날을 보내고 있었습니다. 아마도 이 학교에 다니던 개구쟁이들은 나무 위로 꽤 기어올랐을 겁니다. 꽤 큰 나무이니 그냥 보기만 해도 오르고 싶었을 겁니다.

오르기만 했겠어요? 가을에 잎사귀가 노랗게 물들어 소복이 땅 위에 떨어지면, 그걸 주워서 별생각, 별 이야기 다 담았겠지요. 그러니 저 나무에는 숱하게 많은 아이의 어린 시절 추억이 담겨 있는 겁니다.

마을의 당산나무이기도 했던 이 나무에는 많은 이야기가 남아 있어요. 처음 이 나무가 심어졌을 때의 전설부터 들려줄게요.

용계리는 마을 뒷산이 용이 드러누운 모양을 같다고 해서 와룡산이라고 부르는 산 아래의 개울가 마을입니다. 용계龍溪는 용의 시내라는 뜻입니다. 이곳에는 처음에 탁씨 성을 가진 사람들이 들어와서 마을을 이루었습니다. 용계초등학교 자리에는 탁씨네 한 가족이 살았습니다.

그 집에는 딸이 하나 있었지요. 어느 날 그 처녀가 시냇가에 빨래하러 나갔는데, 물 위에 어린 은행나무 하나가 둥둥 떠내려왔습니다. 처녀는 나무를 주워서 집으로 가져와 부뚜막 옆에 고이 심었어요. 며칠 동안 물을 주고 정성을 들이니, 어린나무가 조금씩 기운을 얻어 살아났어요. 처녀는 나무가 기특하고 고마워서 더 정성을 들여 보살펴주었어요.

세월이 흘러 나무는 무럭무럭 자랐어요. 처녀의 부모님이 돌아가시고 또 세월이 지나자 처녀도 세상을 떠났어요. 그리고 얼마 뒤 이 마을에 사는 한 노인의 꿈에 그 은행나무 처녀가 나타났습니다. 처녀는 노인에게 "내가 물에 떠내려가던 나무를 건져내 부뚜막 곁에 심어 살렸는데, 앞으로 마을에서 마음을 모아 그 나무를 잘 키우길 바랍니다. 그러면 나는 그 나무에 오래 머물면서 마을 사람 모두가 편안하게 살 수 있도록 잘 지켜주겠습니다"라고 했답니다. 노인은 그 꿈을 몇 번씩이나 되풀이해서 꾸었고, 심지어는 마을에 사는 다른 사람들도 똑같은 꿈을 꾸었다고 합니다.

마을 사람들은 은행나무와 함께 탁씨네가 살던 그 집을 마을 수호신을 모시는 신성한 집, 즉 성황당으로 모시기로 했어요. 또 처녀가 부탁한 은행나무가 잘 자랄 수 있게 부뚜막과 부엌을 헐어내서 나무에 햇볕도 잘 들고 바람도 잘 받을 수 있도록 했답니다. 그때부터 마을 사람들은 해마다 정월 열사흗날부터 삼일 기도를 시작해서 기도를 마치는 정월 대보름 날이 되면 마을 당산제를 올렸습니다.

나무는 마을 사람들의 정성에 힘입어 무럭무럭 잘 자랐고, 또 마을의 평화를 지켜주는 수호목이자 당산나무로 우뚝 섰습니다. 이 은행나무는 1966년에 천연기념물 제175호로 지정됐습니다. 그때 기록에는 사람들이 정성을 모아 이 나무에 기도를 바치면 소망을 이루게 해주는 한편, 한국전쟁과 같은 국가의 변란이 있으면 이상한 소리를 내서 예고도 했다고 합니다.

이 나무는 이야기할 게 참 많네요. 이제 겨우 시작입니다. 본격적인 이야기는 이제부터이지요.

마을을 지키며 평화의 상징으로 서 있는 용계리 은행나무에 위기가 찾아왔어요. 1987년에 갑작스러운 일이 벌어졌습니다. 이 산골짜기에 댐을 건설하겠다는 계획이 나온 겁니다. 바로 지금의 임하댐입니다. 댐이 건설되면서 마을 전체가 물속에 잠기게 된 거예요. 초등학교 건물은 물론이고, 운동장에 서 있는 나무도 물속에 잠길 위기가 찾아온 겁니다.

마을에 사는 사람들과 집은 가까운 곳에 옮기기로 했습니다. 특별히 전통적인 형태의 옛집들은 옛 모습 그대로 옮기기로 했어요. 하지만 나무는 쉽지 않았어요. 그때 댐 건설은 한국수자원공사에서 맡아 했지요. 당시 사장은 이상희 선생님이었어요. 그분은 이 은행나무를 살리고 싶었어요.

나무를 살리려면 옮겨 심는 수밖에 없는데, 나무가 워낙 크다 보니, 돈과 시간이 많이 들 뿐 아니라 매우 뛰어난 기술도 필요했어요. 그래서 이상희 선생님은 정부에 간절히 건의했고, 정부에서는 그리 좋은 나무라면 한번 살려보자고 결정하고 이 공사를 맡을 사람을 공개적으로 찾았지요.

이때 '나무 박사'로 유명했던 이철호 사장님이 나타났어요. 나무를 옮겨 심는 일을 이식공사라고 하는데, 이철호 사장님은 나무 이식공사 분야에서 뛰어난 업적이 있어서 정부에서도 믿고 공사를 맡겼지요.

용계리 은행나무 이식공사는 1990년 11월부터 시작됐습니다.

이철호 사장님은 우선 댐이 건설되더라도 물 속에 잠기지 않을 만큼 높다랗게 주변에 인공으로 산을 만들었어요. 15미터 정도 되는 동산이었어요. 작은 동산이었지만 사람이 일부러 만드는 것은 쉬운 일이 아니었어요.

산을 쌓는 일과 동시에 차츰 나무를 옮겨 심을 준비도 했어요. 먼저 나무뿌리가 다치지 않도록 조금씩 흙을 파냈어요. 마치 우리가 화분에

서 키우는 식물을 다른 화분으로 옮기려 할 때처럼 한 거죠. 그렇게 뿌리 부분의 땅을 파내서 나무를 통째로 들어냈습니다. 그때 나무의 무게는 무려 680톤이었다고 합니다.

여러분은 쌀 한 포대의 무게를 아시나요? 포장 단위는 다양하지만, 요즘 시장에서 파는 쌀 중 가장 큰 포장은 20킬로그램입니다. 나무의 무게를 쌀로 바꾸어 계산해 봅시다. 1톤은 1000킬로그램이니, 680톤은 68만 킬로그램이 되겠지요. 그걸 20킬로그램으로 다시 나누면 3만 4000포대가 되는 겁니다. 정말 어마어마한 무게입니다. 상상할 수 없는 정도의 규모입니다.

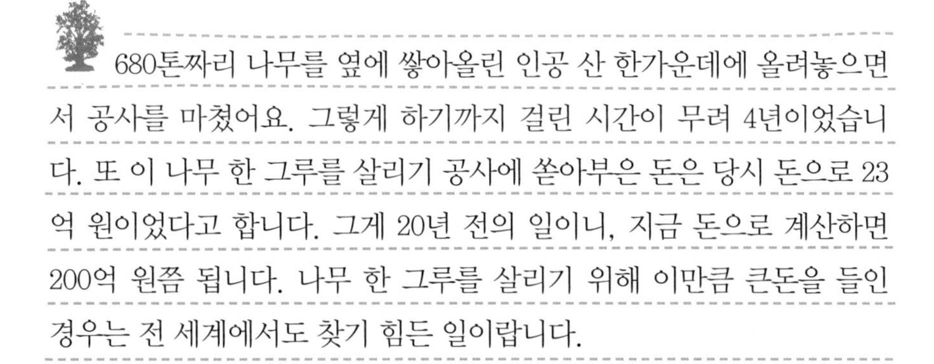

680톤짜리 나무를 옆에 쌓아올린 인공 산 한가운데에 올려놓으면서 공사를 마쳤어요. 그렇게 하기까지 걸린 시간이 무려 4년이었습니다. 또 이 나무 한 그루를 살리기 공사에 쏟아부은 돈은 당시 돈으로 23억 원이었다고 합니다. 그게 20년 전의 일이니, 지금 돈으로 계산하면 200억 원쯤 됩니다. 나무 한 그루를 살리기 위해 이만큼 큰돈을 들인 경우는 전 세계에서도 찾기 힘든 일이랍니다.

오랫동안 마을 사람들의 살림살이를 담고 서 있던 은행나무는 그렇게 사람들의 도움으로 물속에 묻혀 버릴 위기를 이겨내고 세계에 내놓을 만한 훌륭한 나무로 남게 된 것입니다.

은행나무는 침엽수일까 활엽수일까?

잎비라는 말 들어보았나요? 그러면 꽃비는요? 봄에 벚꽃이 활짝 피었다가 꽃잎이 떨어질 때 흔히 꽃잎이 비 내리듯 떨어진다 해서, 그 멋진 광경을 표현하려고 '꽃비'라는 말을 쓰잖아요.

그러면 '잎비'는 언제 써야 할까요? '잎비'라는 말은 아직 우리 국어사전에 나오지 않아요. 내가 가끔 쓰긴 했지만, 말의 뜻과 쓰임새가 정확히 정해지지 않은 새 말이라고 할 수 있어요.

그런데 우리가 살면서 새로운 사실을 발견하고, 거기서 깨닫게 되는 새로운 느낌이 있을 때마다 그에 알맞춤한 말이 끊임없이 새롭게 만들어지는 것이니, 만일 '잎비'라는 예쁜 말이 잘 어울리는 상황이 있다면 앞으로 계속 살려서 쓰는 건 어떨까요?

더구나 정체를 알 수 없는 외국어가 우리말에 파고드는 게 적잖이 걱정되니 우리 예쁜 말들을 지켜나가는 일은 매우 중요해요. 우리 모두 우리말과 글을 아름답게 가꾸어갈 의무를 갖고 있으니까요.

나는 가을 은행나무 아래 설 때마다 꼭 '잎비'라는 예쁜 말을 떠올립니다. 커다란 은행나무들이 노랗게 잎을 물들인 뒤에 잎을 떨어뜨릴 때, 그 아래 한 번 서 보세요. 큰 나무에서 한꺼번에 우수수 떨어지는 낙엽을 맞고 있으면 정말 비 맞는 듯한 느낌이지요. 그럴 때 자연스레 '잎비' 라는 말을 쓰게 되는 겁니다. 나뭇잎들이 가을이 되면 떨어지는 것은 은행나무만의 특별한 현상은 아니지요. 소나무나 전나무같이 늘 푸른나무가 아니면 모두 잎을 떨어뜨리니까요. 하지만 유난히 은행나무 낙엽만큼은 잎비라는 특별한 말로 강조하고 싶습니다.

나무 종류를 잘 모르는 어린아이들도 은행나무만큼은 한눈에 구별할 수 있을 겁니다. 은행잎의 특별한 생김새 때문이지요. 은행나무 잎은 다른 나무의 잎과 다릅니다. 다른 나무 중에 은행나무 잎과 비슷하게 생긴 잎을 가진 나무는 찾기 힘들어요. 마치 작은 부채를 활짝 펼친 듯한 생김새의 잎사귀는 독특해서 눈에 잘 띕니다. 어찌 보면 가느다란 여러 개의 잎이 다닥다닥 붙어 있는 모습이기도 하지요.

게다가 은행나무 잎처럼 예쁜 노란 색으로 물드는 나무도 드무니, 잎사귀 하나만으로도 은행나무와 다른 나무들을 쉽게 구별할 수 있지요. 여러분은 은행나무 잎사귀를 꼼꼼히 관찰한 적 있나요? 이 독특한 은행나무 잎사귀에는 은행나무의 비밀이 담겨 있어요.

여기서 퀴즈 하나 낼게요. 은행나무는 활엽수일까요? 침엽수일까요? 넓은 잎사귀를 가진 나무를 활엽수라 하고, 소나무처럼 바늘 모양의 잎을 가진 나무를 침엽수라고 합니다. 또 우리말로 활엽수를 '넓은잎나무', 침엽수를 '바늘잎나무' 라고도 하지요. 그러면 이 문제는 너무 시시한 게 되나요?

눈치가 빠르다면, '은행나무는 넓은잎나무가 아니라, 바늘잎나무이겠군' 하고 생각했을지도 모르겠네요. 네. 맞았습니다. 은행나무는 바늘잎나무입니다. 참 복잡한 문제입니다. 이 문제는 전문가들 사이에서도 여러 의견이 있을 정도니까요. 하지만 대개는 은행나무를 바늘잎나무, 즉 침엽수로 보아야 한다고 합니다.

은행나무 잎은 소나무나 전나무 같은 바늘잎이 아니니 당연히 넓은잎나무로 생각하기 쉬워요. 그러나 간단한 문제는 아니에요. 전문적인 이야기는 제쳐놓고, 한눈에 확인할 수 있는 것만 짚어보아요.

나뭇잎에는 잎맥이 있어요. 잎사귀 위에 핏줄처럼 가느다랗게 이어진 줄을 말합니다. 그런데 은행나무 잎의 잎맥은 세로로 길게 나 있습니다. 원래 은행나무 잎은 바늘 모습인데, 오랜 세월을 거치면서 바늘잎 여러 개가 다닥다닥 붙은 모습으로 진화한 것이라 보는 거지요. 마치 오리 발가락이 갈퀴로 서로 붙은 것처럼 말이에요.

오랜 세월을 살다 보니, 은행나무는 스스로의 생김새를 조금씩 바꾸면서 지금 모습을 갖추게 된 겁니다. 생물들은 빙하기와 같은 큰 위험에 부닥쳤을 때 본성이나 주어진 능력을 바꾸면서 살아남습니다. 3억 년 동안 은행나무가 겪어야 했던 위기는 얼마나 많았을까요? 여러 과학자의 노력으로 오래전의 상황을 추측해볼 수 있답니다.

은행나무는 우리가 상상하기 어려울 만큼 큰 위기를 넘기며 살아왔을 겁니다. 은행나무가 살아온 시기 중에는 공룡 같은 큰 동물도 멸종할 만큼 힘들었던 빙하기도 있었잖아요. 그런 위험들을 용하게 견뎌내며 은행나무도 잃어버린 본능이 있습니다. 그 가운데 얄궂게도 은행나무는 자신의 씨앗으로 스스로 번식하기 어렵다는 겁니다.

대부분의 식물 씨앗들은 바람에 날리든 짐승의 먹이가 되든 장소를 옮겨가면서 새 땅에 자리 잡고, 그곳에 스스로 뿌리를 내리고 싹을 틔우잖아요. 그게 나무들이 자손을 번식시키는 방법이잖아요. 은행나무는 그걸 무척 어려워한다는 겁니다.

흔하게 볼 수 있는 은행나무가 스스로 번식하지 못한다니 놀랍습니다. 달리 이야기하면 은행나무는 사람이 땅에 심어서 키워 주어야 자랄 수 있습니다. 그런데도 사람들이 워낙 은행나무를 사랑하니까, 요즘처럼 많이 번식하여 흔한 나무가 된 거랍니다.

누가 심어줘야만 자란다는 건, 다르게 보면 커다란 은행나무가 있는 곳에는 분명히 나무를 심고 잘 가꾸어준 사람이 있었다는 이야기가 되겠지요. 그래서 커다란 은행나무를 찾게 되면 주변에 누가 살았는지 살펴보는 것도 재미있는 은행나무 관찰법이 될 겁니다.

사람이 심고
지켜야 자라는
은행나무

우리나라에서 가장 오래 산 은행나무는
몇 살이고 어디에 있는 어떤 나무일까요?

궁금하죠? 은행나무 가운데 1500살 된 나무가 있어요. 150살이 아니라 1500살, 대단하죠? 앞에서 산림청의 보호수 중에서는 1200살된 우미내 은행나무가 가장 오래됐다고 했는데 그보다 300년이나 더 살았습니다.

자, 흥분하지 말고 천천히 동굴의 도시 강원도 삼척으로 갑시다. 우리가 갈 곳은 삼척시 도계읍 늑구리라는 조그마한 마을 뒷산입니다. 삼척시에는 기차가 께느른하게 지나가는 영동선 기찻길을 따라 난 국도가 있어요. 그 도로를 따라가다 보면, 이름도 예쁜 '고사리역'이라는 간이역을 만나게 됩니다. 그 고사리역 뒤편의 언덕 위쪽에 멀리서도 바라다보이는 나무 한 그루가 있습니다. 바로 지금 우리가 찾아가는 은행나무입니다. 마을 이름을 따서 '늑구리 은행나무'라고 부르면 되겠지요.

은행나무는 뒷동산 꼭대기에 홀로 서 있어요. 얼마 전 나무 근처에 집 한 채가 생겨 사람이 살고 있지만 다른 사람들이 사는 집은 없어요. 그 집에는 나이 많은 부부가 농사를 지으며 살고 있어요.

앞에서 은행나무는 누가 심어주지 않으면 스스로 자라기 어렵다고 했고, 그걸 거꾸로 이야기하면 커다란 은행나무가 있는 곳이라면 분명히 그 주위에 은행나무를 정성껏 심고 가꾸던 사람들이 있었다는 거라고 했잖아요. 그런데 이게 웬일인가요? 나무 주위에 사람이 살았던 흔적이 없다니요?

비밀은 이 나무에 얽힌 전설에서 풀어볼 수 있지요. 옛날에 이 은행나무에게는 아주 친한 동무가 있었답니다. 동자승이었어요. 나이 어린 스님을 동자승이라고 하지요. 은행나무의 친구였던 동자승은 자주 나무를 찾아와서 놀았어요. 철부지 동자승은 나무줄기를 두드리며 말을 걸기도 했고, 나무 위에 기어올라가서 산 아래를 바라보며 혼자 놀다가 나무 위에서 낮잠을 자기도 했어요.

어린 동자승은 나무에 기어오르다가 떨어져 다치는 일도 잦았어요. 동자승을 보살피는 스님이 그러지 말라고 조심도 시키고 나무라기도 했지만, 철없는 동자승이 어디 말을 듣습니까.

그러자 스님은 동자승이 나무에 오르지 못하도록 나무껍질을 매끈하게 만들어야겠다고 생각했어요. 잘 드는 낫과 칼로 나무줄기의 거칠거칠한 껍질을 벗겨 내려 했지요. 스님이 나무줄기에 칼을 대는 순간 놀라운 일이 벌어졌어요. 나무에서 갑자기 새빨간 피가 철철 흘러나와 줄기를 타고 흘러 땅을 붉게 적셨어요. 또 맑은 하늘은 시커먼 먹구름으로 뒤덮이면서 세찬 비가 쏟아졌어요. 깜짝 놀란 스님은 칼을 거두고 법당으로 뛰어가서 부처님께 잘못을 빌었어요.

그때 법당 안의 부처님 뒤편에서 '은행나무에서 흐르는 피를 모두 받아 마시라' 라는 음성이 울렸어요. 놀란 스님은 뛰어나가 나무줄기에 입을 대고는 나무에서 흘러나오는 피를 받아먹었습니다. 좀 엽기적이죠? 더 엽기적인 건 그다음이에요. 나무의 붉은 피를 받아마시던 스님은 숨이 차츰 가빠지더니 커다란 구렁이로 변해 버렸어요. 나무의 피도 서서히 멎었고요. 구렁이로 변한 스님은 똬리를 풀면서 나무줄기 안으로 파고 들어갔어요. 이 신령스런 나무를 지킬 임무를 맡게 된 거라는 이야기입니다.

이 은행나무를 가만히 들여다보면 전설이 참 그럴듯해 보여서 신기해요. 중심 줄기는 이미 오래전에 썩어서 나무의 가운데 부분이 텅 비어 버렸거든요. 그 텅 빈 자리는 마치 커다란 구렁이가 똬리를 틀고 앉

아 있기 안성맞춤이라는 겁니다. 가운데 가장 굵어야 할 중심 줄기가 없는 대신 줄기가 있던 자리 주위로 새 가지들이 무성하게 돋아나 줄기 주변을 감싸고 자란 겁니다. 그런 새 가지를 맹아 혹은 맹아지라고 부르는데, 이건 은행나무의 특징 가운데 하나랍니다. 맹아에 대해서는 뒤의 60쪽에서 좀더 자세히 이야기하겠습니다.

잠깐 이 전설을 한번 다시 돌아봅시다. 지금 늑구리 은행나무 주변에는 사람의 흔적이 전혀 없다고 했는데, 전설에는 은행나무를 자주 찾아오는 동자승이 있었네요. 또 나무줄기의 껍질을 벗겨 내려 했던 스님도 있어요. 그렇죠? 스님과 동자승이 있다는 이야기는 곧 이 주위에 절집이 있었다고 봐도 되겠지요.

나무는 분명히 절집 가까이에 있었던 겁니다. 동자승이 자주 찾아왔고, 스님이 법당에서 기도하다가 뛰어나가 나무의 피를 받아 마셨다는 이야기도 절집 가까이 나무가 있었기 때문에 가능한 일이지요. 그러고 보니 마을 사람들은 이곳을 '절골'이라고 부르더군요. '절골'은 '절이 있는 골짜기'라는 뜻이잖아요. 은행나무 한 그루가 산꼭대기에서 홀로 자라고 있지만, 아주 오래전에는 절집의 스님들이 심어 키우던 나무임에 틀림없다는 이야기입니다.

늑구리 은행나무의 나이는 1500살입니다. 우리나라에서 제일 큰 은행나무인 용문사 은행나무보다 400살이나 더 많고, 산림청 보호수로 지정된 경기도 구리시의 1200살짜리 우미내 은행나무보다 300살이나 많은 겁니다.

중심 줄기가 없어도 늑구리 은행나무는 무척 큽니다. 키가 20미터나 됩니다. 앞에서 이야기한 맹아들이 자라서 이만큼 컸으니, 만일 중심이 되는 줄기가 살아 있다면 얼마나 큰 나무일지 상상이 잘 안 될 정도입니다. 아, 참. 늑구리 은행나무에서 빼놓을 수 없는 재미있는 이야기가 하나 더 있어요. 이 은행나무에겐 부인 나무도 있어요. 늑구리 은행나무는 수나무이거든요. 아마 이 마을에 사는 분들이 보기에 늙은 은행나무가 홀로 서 있는 게 마치 홀아비처럼 불쌍하고 측은해 보였나 봐요. 그래서 마을 분들은 주변에서 이 나무의 부인을 찾았어요. 하지만 주변에 1500살 된 홀아비 은행나무와 혼인을 치를 만큼 비슷한 나이를 가진 은행나무는 찾을 수 없었어요.

그나마 겨우겨우 찾아낸 나무가 1100살 정도 된 은행나무였습니다. 4살이 아니라 무려 400살이나 어린 부인이라니, 대단합니다. 안타까운 건 부인 은행나무가 멀리 떨어져 있다는 거죠. 강원도도 아니고, 경상북도까지 가야 해요. 영주 소수서원 근처의 금성단 옆에 있는 은행나무가 바로 늑구리 은행나무와 백년가약을 맺은 나무입니다. 아, 참. 1500살 된 나무에게 '백년가약' 이라니 어째 잘 안 어울리네요. 백 년, 천 년은 이미 지났으니, '만년가약' 이라고 해야 맞겠어요.

하지만 스스로 옮겨 다닐 수 없는 나무라서 주말부부처럼 만나지도 못하고, 그야말로 늑구리 은행나무는 부인을 마냥 그리워하기만 하는 '기러기 아빠' 인 셈이랍니다. 남편은 강원도 삼척, 부인은 경상북도 영주, 참 멀리 떨어져 있지요. 그런데 지도를 보고 두 나무 사이를 직선으로 연결해서 재어보니, 50킬로미터 정도 밖에 안 됩니다. 워낙 오래 살면서 신통력을 가진 나무들이니, 굳이 가까이에서 만나지 못한다 해도 이 정도의 거리라면 산꼭대기에서 바람을 타고 사랑을 나눌 수 있지 않을까 생각해 봅니다.

은행나무는 암나무와 수나무가 따로 있다고?

은행나무는 가을이 되면 열매를 맺어요. 열매에서 아주 고약한 냄새가 나는 거 알지요? 은행나무 가로수는 가을에 이파리가 노랗게 물들어 예쁘지만, 열매 냄새 때문에 골치 아픕니다.

줄지어 서 있는 은행나무를 가만히 살펴보면 어떤 나무는 열매를 주렁주렁 매달고 있는데, 어떤 나무는 단 하나의 열매도 맺지 않아요. 그 나무는 지난해에도 그랬고, 올해도 그랬으며, 내년에도 또 열매를 맺지 않을 겁니다. 왜 그럴까요?

그게 바로 은행나무의 특징 가운데 하나예요. 암나무와 수나무가 따로 있다는 거지요. 나무에도 암수가 따로 있다니 이상하게 들리나요? 나무도 자손을 늘려가며 살아가는 생물인데, 왜 암수가 없겠어요? 암수 구별이 있는 게 당연하지요. 다만 대개의 나무들이 암수한그루이기 때문에 은행나무에 암수가 따로 있다는 게 이상하게 들리는 것뿐이랍니다.

은행나무의 암나무와 수나무는 도대체 뭘 보고 나눌까요? 가장 뚜렷

한 구별은 열매를 맺느냐 안 맺느냐 하는 것입니다. 열매를 맺는 나무는 암나무이고, 그렇지 않은 나무는 수나무인 거죠. 그런데 이 구별법만으로는 틀릴 수도 있어요. 주변에 수나무가 없고, 암나무 혼자만 서 있다면 암나무이라 해도 열매를 맺지 못하거든요.

그러니 나무에 피어나는 꽃을 보고 구별하는 게 가장 정확한 방법입니다. 은행나무에도 꽃이 피느냐고요? 아, 은행나무가 우리 곁에 있는 아주 친한 나무이지만, 하나하나 따지고 들어가니 참 모르는 게 많았네요. 세상의 나무들은 모두 꽃을 피웁니다. 눈에 잘 안 띄게 피어날지언

정, 느티나무나 소나무에서도 나름의 꽃이 피어나지요. 그 꽃이 바로 씨앗을 맺는 바탕입니다. 조금 어려운 이야기인데 전문가들께서는 은행나무나 소나무의 꽃을 다른 이름으로 불러야 한다고 이야기하지만 씨앗을 맺기 위한 가장 기본적인 기관은 꽃이라고 해도 큰 무리는 없습니다.

은행나무에는 암꽃과 수꽃이 따로 피어납니다. 그러면 암꽃과 수꽃은 어떻게 다를까요? 암꽃은 나중에 열매 맺을 씨방을 가진 꽃이고, 수꽃은 씨방은 없고 암술머리로 날아가 짝짓기할 꽃가루만 가진 꽃입니다. 그렇게 말로 구별하기는 쉽지만 사실 꽃 모양으로 구별하는 건 어려워요. 특히 오돌도돌하게 맺히는 수꽃은 그나마 찾아본다 해도 암꽃은 무척 작아서 찾는 것 자체가 매우 어렵답니다.

은행나무 꽃은 봄에 잎이 돋아나는 사이에서 피어나는데, 나무의 크기에 걸맞지 않게 아주 작아요. 크기도 작을 뿐 아니라, 생김새도 우리가 흔히 보는 꽃처럼 꽃잎과 꽃받침을 제대로 갖추지 않아서 꽃인지 아닌지 모르고 지나치게 됩니다.

그런데 어떤 나무에서는 암꽃만 피어나고, 다른 나무에서는 수꽃만 피어나는 걸 알 수 있어요. 이쯤 되면 암나무와 수나무를 어떻게 나누는지 짐작할 수 있겠지요? 예. 맞아요. 암꽃만 피는 나무를 암나무, 수꽃만 피는 나무를 수나무라고 합니다. 이처럼 암나무와 수나무가 따로 있는 나무를 '암수딴그루' 나무라 부릅니다. 반대로 암꽃과 수꽃이 각각 다른 모양이지만, 한 그루에서 같이 피어난다면 '암수한그루' 나무라고 하지요.

나무들 가운데에는 은행나무처럼 암수딴그루인 나무들이 생각보다 많아요. 비자나무, 주목, 뽕나무, 다래나무, 미루나무, 버드나무, 생강나무, 산초나무, 옻나무, 호랑가시나무, 물푸레나무, 이팝나무 등이 모두 암수딴그루 나무입니다.

암수딴그루 나무는 꽃과 열매를 보고 암수를 구별한다고 했는데, 꽃이 피어나지 않은 상태에서 어린나무를 처음 심을 때에 씨앗이나 묘목으로 구별하는 방법도 있을까요? 마치 병아리를 감별하는 것처럼 말입니다. 특히 은행나무라면 그렇게 구별하고 싶은 분들이 많을 겁니다. 예를 들어 가로수로 은행나무를 심는다면 수나무가 좋겠지요. 가을에 맺는 열매의 냄새도 그렇고, 열매를 따려고 모여드는 사람들의 북적거림도 불편하니 말입니다.

거꾸로 은행 열매를 얻기 위해 은행나무를 키우는 농부들이라면, 수나무와 암나무를 잘 골라내서 수나무 주위에 더 많은 암나무를 심으면 더 많은 열매를 얻을 수 있겠지요. 하지만 현재까지의 기술로는 꽃을 피우고 열매를 맺기 전까지는 암수를 구별하는 게 불가능합니다. 더구나 은행나무는 적어도 20년쯤 자라야 꽃이 피고 열매를 맺으니, 그때까지는 암나무인지, 수나무인지 모르고 길러야 한답니다.

암나무에서 수나무가 된 은행나무

암나무가 수나무로 되고,
수나무가 암나무로 바뀌는 방식으로
성性을 전환한 은행나무가 있어요. 참 재미있는 나무입니다. 우리나라에는 그런 은행나무가 두 곳에 있는데, 우선 그 중 하나를 소개합니다. 다른 한 곳의 나무는 뒤에서 소개할게요.

성을 전환한 은행나무를 만나러 갈 곳은 인천시의 섬, 강화도의 전등사라는 오래된 절입니다. 전등사는 고구려 소수림왕 때인 381년에 아도화상이 처음 지은 절이라고 합니다. 우리나라에 불교가 처음 전해진 것이 372년이니, 전등사는 우리나라의 절 중에서는 가장 오래된 절이라 해도 됩니다.

성을 바꾼 은행나무 두 그루는 전등사 안에 있습니다. 700살을 훌쩍 넘은 나무들인데, 두 그루 가운데 큰 나무의 키가 30미터, 조금 작은 나무가 25미터쯤 됩니다. 두 그루 모두 큰 나무라 해야 할 겁니다. 가슴높이 줄기둘레도 8미터 정도 되는 나무들이지요.

오래 살아온 나무여서 최근 들어 기력이 떨어지는 바람에 절집에서는 나무를 잘 살리기 위해 잔가지들을 쳐내는 가지치기 작업을 했습니다. 잔가지들을 떨어내고 굵은 줄기만 남아 어째 좀 앙상해 보이기도 합니다. 옛날 아름다웠던 때의 볼품은 좀 잃은 게 사실입니다만, 나무줄기에서 이 나무의 신통력이나 오래 살아온 삶의 연륜을 그대로 느낄 수 있습니다.

이 은행나무에 놀라운 일이 벌어진 건 조선 후기 때였습니다. 숭유억불崇儒抑佛 정책 때문이었어요. 유교를 숭상하고, 불교는 억압하는 이 정책으로 불교의 절이나 스님들이 무조건 탄압당하기까지 했어요. 불교계가 살아남기 힘들던 그때에 전등사에도 어김없이 어려움이 찾아왔어요.

그때 강화도의 관리들은 갖가지 트집을 잡아 전등사의 스님들을 못살게 굴었어요. 이리저리 꼬투리를 잡다 보니 못된 관리들의 눈에 늠름하게 잘 자란 은행나무가 눈에 들어왔습니다. 이들은 스님들에게 앞으로는 이 은행나무에서 열매를 따서 겨울 오기 전에 반드시 나라에 바치라고 했습니다. 그걸 공출이라고 하지요.

그런데 그들이 정한 분량이 엄청나게 많았어요. 두 그루의 나무에 달리는 은행만으로는 도저히 채울 수 없는 양이었지요. 할 수 없이 스님들은 가을만 되면, 관리들이 정한 양을 채우기 위해 온 산을 돌아다니며 은행 열매를 주워야 했습니다. 그러나 늘 턱없이 부족했고, 관리들의 탄압은 갈수록 심해졌지요.

전등사 스님들은 아예 이 은행나무에 열매가 맺히지 않는다면, 관에서는 공출을 부과하지도 않을 것이라고 생각하게 됐습니다. 열매를 맺지 않는 수나무가 됐으면 좋겠다는 것이었지요.

스님들은 가까운 곳에 있는 백련사의 추송선사를 모셔왔습니다. 그 스님은 신통력이 높은 분이었거든요. 추송선사와 함께 전등사 스님들은 나무 앞에서 삼일 기도를 시작했어요. 스님들의 기도에 간절하게 담긴 소망은 '이 은행나무가 앞으로 다시는 열매를 맺지 않는 수나무가 되게 해 달라' 라는 것이었어요.

전등사에서 기도회를 한다는 이야기를 듣고 포졸들이 나와서 스님들을 감시했습니다. 포졸들은 멀쩡하게 열매를 잘 맺는 은행나무 암나무를 수나무로 변하게 해 달라는, 스님들의 터무니없는 기도를 비웃으며 껄껄댔지요.

절집에 목탁 소리가 울리고, 스님들의 간절한 기도가 하늘로 한참 퍼

지던 중 추송선사는 목탁을 거두고 맑고 우렁찬 목소리로 "강화도 전등사에서 삼일 기도를 지성으로 올리니, 이 은행나무가 열매를 맺지 않는 수나무가 되게 해 주기를 축원하나이다" 하고 외쳤어요.

스님의 외침이 산을 울리며 멀리 퍼지기 시작한 순간, 기도회에 참여한 스님들을 비웃던 포졸들은 머리를 감싸 쥐며 땅 위에 나동그라졌어요. 또 갑자기 맑은 하늘에 먹구름이 몰려오고 우박을 머금은 비가 퍼부었습니다. 곧이어 두 그루의 은행나무는 푸른 잎을 죄다 떨어내고 온 가지를 푸르르 떨었지요. 선사의 축원이 나무에 다다랐다는 신호였습니다.

그렇게 조용하지만 요란스러웠던 기도회는 끝났고, 이듬해에는 참으로 신기한 일이 벌어졌습니다. 전등사 안에서 가장 큰 두 그루의 은행나무가 열매를 맺지 않은 겁니다. 도무지 믿을 수 없는 일이었지만, 실제로 전등사의 은행나무에는 단 하나의 열매도 돋아나지 않았어요. 암나무였던 나무가 졸지에 수나무로 변한 것입니다.

은행나무가 열매를 맺지 않는다는 사실을 전등사에 직접 와서 확인한 관리들은 다시는 은행 열매를 주워오라고 독촉하지 못하게 됐지요. 게다가 은행나무의 성전환으로 보여준 스님들의 신통력을 생각하며 더는 스님들을 괴롭히지 못했다고 합니다.

아마도 과학을 좋아하는 분들에게는 의문이 하나 남을 겁니다. 과연 나무가 성을 바꾸는 게 실제로 가능한 일일까 하는 질문이지요? 특히 전등사의 은행나무처럼 오랜 세월을 살아온 큰 나무가 갑자기 그동안의 성을 바꾸는 일도 있을 수 있는지 궁금해졌을 겁니다.

개구리와 같은 양서류의 경우, 드물게나마 환경의 변화에 따라 자동으로 성을 바꾸는 경우가 있다고 합니다. 또 식물 가운데에서도 모시풀이라는 식물은 햇볕을 쬐는 시간에 따라 암수가 자동으로 바뀐다고도 합니다.

그러나 전등사 은행나무와 같은 큰 나무의 경우, 성을 바꾼다는 건 과학적으로 증명하기 어려운 일입니다. 그런 일이 과학적으로 입증된 사례는 아직 없습니다. 그렇다면 전등사 은행나무 이야기는 무조건 거짓말, 혹은 터무니없는 전설에 불과하다고 무시해야 할까요? 그건 아닙니다. 믿기 어려운 이 이야기는 절집 안에 살아 있는 모든 생명체를 어떻게든 잘 보호하고, 이 생명체들의 신성함을 강조하기 위해 오랜 세월에 걸쳐 전해오는 이야기입니다.

특히 전등사가 자리 잡은 마니산은 단군과 관련한 우리 민족 태곳적의 신화가 깃든 곳이잖아요. 민족사적 의미가 있는 곳에서 수호신처럼 우뚝 서 있는 나무는 이 절을 드나드는 모든 사람들이 신성하게 보호해야 할 대상이었을 겁니다.

이 나무들은 그냥 나무가 아닌 거죠. 식물로서의 의미 그 이상을 갖춘 나무들입니다. 우리는 이 나무에서 우리나라에서 가장 오래된 절집으로서 전등사가 지내온 온갖 시련과 극복의 역사를 찾아내야 하는 겁니다. 이 이야기를 놓고 과학적인 옳고 그름을 따지기보다는 고구려 때부터 지금까지 이 절을 지켜온 스님들과 이 절집 신자들이 정성으로 이어온 뜻을 더 깊이 새겨봐야 합니다.

은행나무에서만 볼 수 있는 특별한 생태

은행나무는 잎사귀의 독특한 모양 외에도 다른 나무에서 보기 어려운 특징이 몇 가지 또 있어요. 잘 알아두었다가 나중에 은행나무를 관찰할 때 비교해 보면 재미있을 겁니다.

먼저 유주라는 게 있습니다. 유주乳柱는 젖을 뜻하는 유乳 자와 기둥을 뜻하는 주柱 자가 합하여 만들어진 이름입니다. 나무에 젖이 나오는 기둥이라니, 은행나무에서는 젖이라도 나온다는 이야기일까요? 그게 아니라 엄마 젖이 나오는 젖가슴과 비슷한 모양 때문에 붙은 이름입니다.

모든 은행나무에서 유주를 찾을 수 있는 건 아닙니다. 비교적 오래된 나무에서 자연스럽게 나타나는 현상인데, 아주 희귀한 건 아니어서 잘 살펴보면 발견할 수 있습니다.

오래된 은행나무의 가지를 꼼꼼히 살펴보면, 나뭇가지에서 이상하게도 아래쪽으로 뻗어 내려오는 가지가 있을 겁니다. 어떻게 보면 그냥 나뭇가지처럼 보이기도 하지요. 대부분의 가지는 햇빛이 잘 드는 위쪽을 향해 자라고, 가지에는 잎사귀가 돋아나게 마련인데, 아래쪽으로 뻗은 이상한 부분은 자라는 방향이 반대이고, 잎사귀도 돋아나지 않아서 다른 나뭇가지들과 비교됩니다.

이건 가지가 아니라 뿌리입니다. 그냥 '아래를 향해 난 가지'라고 부르기도 하는데, 그건 틀린 이야기이니, 우리는 이제부터 뿌리라고 부르자고요. 뿌리는 대개 땅속 깊숙한 곳에 자리 잡고 영양분과 물을 빨아들여야 하는데, 가지 위의 허공에 뿌리가 있다니요? 이상하죠? 예. 바로 이 이상한 현상이 은행나무만의 특징입니다. 따뜻하고 습기가 많은 일본의 은행나무에서 흔히 볼 수 있다고 합니다. 흔하지는 않지만 우리나라에서 자라는 은행나무에서도 종종 볼 수 있는 현상입니다.

흙 속에 있어야 할 뿌리가 공기 중에 나왔다 해서, 이를 기근氣根이라고 부르지요. 공기 기氣에 뿌리 근根입니다. 이 기근은 꼭 은행나무에서만 나타나는 건 아니지요. 특히 물과 친근한 종류의 나무들에서 그런 현상이 나타납니다. 땅속에서 하는 호흡만으로는 모자라다 싶은 나무들이 공기 중에 뿌리를 내미는 건데, 대개는 땅바닥을 뚫고 솟아오르는 형태입니다.

은행나무처럼 가지에서 생겨나 땅을 향해 자라는 예는 매우 드뭅니다. 일종의 기형이라고 보면 됩니다. 이 기근을 은행나무에서는 유주라고 부릅니다. 유주의 생김새는 상당히 다양합니다. 엄마의 젖가슴을 닮은 것도 있지만, 때로는 그와는 전혀 다른 모습으로 발달하기도 합니다. 크기도 생김새만큼 다양하지요. 어떤 것은 전체 길이가 20센티미터도 안 되지만, 어떤 것은 70센티미터를 넘는 것도 있답니다.

유주의 생김새가 다양해서 생김새에 걸맞은 전설까지 함께 전하는 경우도 있지요. 옛날 엄마들은 아이를 낳고 젖이 잘 나오지 않을 때, 유주가 달린 은행나무에 치성을 드리면 젖이 잘 나온다고 믿었어요. 그건 아마도 유주의 생김새가 마치 엄마들의 젖가슴을 빼닮았기 때문에 만들어진 이야기겠지요. 심지어는 유주의 일부분을 떼어내 삶아서 우려낸 물을 마시면 젖이 많이 나온다는 이야기까지 있지요.

은행나무 생김새의 특징 가운데 또 다른 하나로 '맹아' 혹은 '맹아지'라 부르는 게 있습니다. 맹아萌芽는 시각 장애를 가진 사람을 가리키는 맹아盲啞가 아니라, 새로 난 싹을 가리키는 말이고, 맹아지는 새로 싹튼 가지입니다. 앞에서 1500살 된 늑구리 은행나무를 소개할 때 살짝 이야기한 걸 기억할 겁니다.

사실 맹아나 맹아지는 유주처럼 은행나무에만 나타나는 현상은 아닙니다. 대부분의 나무에서 맹아를 볼 수 있어요. 그런데, 새로 난 싹인 맹아가 원래의 줄기처럼 굵고 크게 오래도록 자라는 경우는 그리 흔치 않습니다. 물론 참나무과에 속하는 나무나 아까시나무와 같은 종류의 나무들의 맹아가 잘 크는 특징이 있지만, 아마도 맹아의 발달이 가장 도드라지는 나무는 은행나무일 겁니다. 은행나무의 맹아는 중심 줄기가 썩어 없어진 뒤에 돋아나서 줄기가 생생하던 예전의 크기보다 훨씬 우람한 모습을 갖추는 경우가 흔히 있답니다.

우리나라에서 가장 오래된 은행나무로 앞에서 소개했던 삼척 늑구리 동산 위의 은행나무가 대표적인 경우입니다. 늑구리 은행나무 외에도 대부분의 은행나무에는 이처럼 굵게 자라난 맹아들을 자주 찾아볼 수 있다는 걸 알아두면 은행나무 관찰에 많은 도움이 될 겁니다.

은행나무의 생김새에서 드러나는 독특한 특징 한 가지 더 이야기할게요. 큰 나무들을 멀리에서 흘긋 바라보고도 저 나무는 느티나무다, 은행나무다 하면서 척척 맞히는 친구가 있으면 참 부럽지 않으세요? 자. 이제 최소한 은행나무만큼은 멀리에서도 구별할 수 있는 중요한 특징이 있습니다. 은행나무는 봄부터 가을까지 잎이 달려 있을 때에는 잎사귀만으로 충분히 구별할 수 있습니다. 그런데 겨울에 잎이 다 떨어졌을 때에도 구별할 수 있는 특징입니다.

소지小枝라는 겁니다. 작을 소小, 가지 지枝, 그러니까 작은 가지라는 뜻이겠네요. 맞아요. 은행나무에는 다른 나무와 뚜렷하게 구별되는 소지가 있습니다. 소지는 짧게 돋아나는 가지여서 작을 소小 대신 짧을 단短을 써서 단지短枝라고도 부릅니다.

은행나무의 소지는 줄기에서 뻗어 나온 긴 가지 위에 짤막하게 돋아나는 가지입니다. 다른 나무들이라면 이 자리는 잎이 나야 할 자리이지요. 그 자리에 잎이 아니라 가지가 돋아나는데, 이 가지는 다른 가지들처럼 길게 자라지 않고 나뭇가지 전체에 거의 일정한 크기로 돋아납니다. 짧은 것은 2센티미터에서 긴 것은 5센티미터 정도까지입니다. 그러나 더 크게는 자라지 않기 때문에 단지나 소지라고 불러요.

잎이 무성할 때에도 잘 살펴보면 소지가 눈에 띄지만, 특히 잎을 다 떨어뜨린 늦가을부터 새잎 돋아나기 전인 봄까지는 아주 뚜렷하게 보인답니다. 큰 키로 잘 자라난 나무 가운데 유난히 소지가 도드라지는 나무가 보인다면, 그건 대부분 은행나무일 겁니다.

은행나무를 구별하는 여러 가지 특징이 있지만, 그 무엇보다 특징적인 것은 가을에 드는 노란빛의 단풍입니다. 가을에 드는 갖가지 색깔의 단풍 가운데에서도 은행나무의 잎처럼 샛노란 빛깔로 물드는 나무는 그리 많지 않지요. 은행나무는 그렇게 생김새뿐 아니라 가을 단풍 빛까지 독특한 나무인 거죠.

나뭇잎의 색깔이 바뀌는 걸 단풍 든다고 하지요. 나뭇잎의 어디에 저리 곱고 예쁜 색깔이 들어 있다가 가을이 되면 화들짝 옷을 갈아입는 걸까요? 단풍은 도대체 왜 드는 걸까요? 사실 나뭇잎은 원래 여러

색깔을 낼 수 있는 요소를 가지고 있어요. 하지만, 가을까지는 초록색을 띠는 요소가 강하기 때문에 다른 색이 겉으로 드러나지 않는 거죠. 초록색의 엽록소는 햇빛을 받아 광합성을 해야 하기 때문에 매우 중요하답니다.

가을이 되어 기온이 떨어지면서부터 나무들은 서서히 광합성을 중지하고, 겨울잠을 준비해야 해요. 광합성을 중지하면 잎사귀에 초록색을 띠게 했던 엽록소가 차츰 약해지면서, 잎 안에 들어 있던 다른 색깔이 겉으로 나타나는 거랍니다. 단풍의 색깔로는 빨간색과 갈색이 가장 많고, 노란색도 있습니다. 물론 가을이 지나도 잎을 떨어뜨리지 않는 소나무와 같은 늘푸른나무들이야 가을 겨울에도 초록색이지만요.

단풍은 아주 예쁠 때도 있지만, 덜 예쁠 때도 있어요. 그건 날씨 탓이랍니다. 단풍의 색깔이 곱고 예뻐지려면 단풍이 들 무렵에 비가 많이 오면 안 됩니다. 나무에서 물이 쪽 빠지고 바짝 말라야 색깔이 예쁘게 들거든요. 비가 많이 와서 나무에 물기가 흥건히 배어 있으면 단풍의 색깔이 곱게 들지 않지요. 또 갑자기 날씨가 추워지는 것도 안 좋아요. 갑자기 추워지면 잎사귀에 고운 색깔이 올라오기도 전에 낙엽부터 먼저 하게 되지요. 그러니까 곱고 예쁜 단풍을 보려면, 맑은 날씨가 많고 조금씩 서늘해져야 합니다. 아침저녁으로 온도 차이가 크다면 단풍은 더 예쁘게 든답니다. 만일 여름을 지나면서 가을 날씨가 그렇다면, 부모님께, '올해는 단풍이 예쁘다니까 여행 한번 가시죠?' 하고 말씀드리는 게 어떨까 싶네요.

유주가 발달한 은행나무

나무가 좋다! 의령 세간리 은행나무 | 서울 문묘 은행나무 | 서산향교 은행나무

유주가 갓난아기에게 젖을 물리는
엄마의 젖가슴을 빼닮았다고 하니,

실제 모습을 만나고 싶어하는 분들이 많군요. 자, 이제 그럼 천천히 찾아가봅시다. 경상남도 의령군 유곡면 세간리라는 곳인데, 이곳은 임진왜란 때, 처음으로 의병을 일으켰던 의병장 곽재우 장군이 태어나 살았던 곳입니다.

유주가 달린 은행나무는 곽재우 장군의 생가 바로 앞의 너른 마당에 서 있어요. 천연기념물 제302호로 지정해서 보호하는 멋진 나무입니다. 나이가 600살 정도 됐는데, 유주 때문이 아니라 해도 한번쯤 꼭 찾아볼 만한 잘생긴 나무랍니다. 키가 25미터, 가슴높이 줄기둘레는 9미터를 조금 넘는 커다란 나무예요.

이 나무는 전체적으로 우리 엄마들이 아주 단정하게 옷을 차려입고 맵시를 뽐내는 듯이 예쁜 모습이에요. 나무를 찬찬히 살펴보면 옆으로 쭉 뻗어 나온 굵은 줄기에서 엄마의 젖가슴 모습을 한 유주를 찾을 수 있을 겁니다. 유주 두 개가 가까이에 붙어 자라면서 정말 엄마의 젖가슴같이 생겼어요.

이렇게 예쁘게 돋아난 유주의 모습을 보고 옛날 사람들은 이 나무에 기도를 드리면, 아기를 낳고서 젖이 잘 나오지 않아 고생하는 엄마들에게 젖이 잘 나온다고 믿었답니다. 아기를 낳은 엄마들은 젖이 많이 나와야 아기를 잘 키울 수 있거든요. 젖이 잘 나오려면 아기를 낳은 엄마의 영양 상태가 좋아야 하는데 옛날에는 먹을 것이 충분하지 않아 젖이 잘 나오지 않는 엄마들이 많았어요. 그때 이 나무를 찾아와 기도를 드린 것입니다.

많은 사람이 이 나무를 찾아와 기도를 올린 건, 꼭 유주가 젖가슴 모양이어서만은 아닐 겁니다. 이 은행나무는 오래전부터 이 마을을 지켜온 신통력을 갖춘 신성한 나무였지요. 이를테면 얼마 전에는 나무 바로 옆에 있는 집에서 불이 나서 한 채가 홀랑 다 타버렸는데도 이 은행나무는 고작 가지 끝 부분만 조금 불에 그슬고 언제 이 근처에서 불이 났느냐 싶게 아름다운 자태를 유지하고 있어요. 큰불까지도 이겨낼 만큼 장한 나무이니, 마을 사람들은 어려운 일이 있을 때마다 나무를 찾아가 소원을 빌었던 겁니다.

유주는 생김새나 크기가 모두 다양하다고 했지요. 그러면 이번에는 우리나라에서 제일 큰 유주가 달린 은행나무를 만나보아요. 이번에 찾아갈 나무는 재미있는 나무로 서울에 있습니다.

천연기념물 제59호로 보호하는 이 나무는 서울 명륜동에 있는 성균관대학교 교문을 들어서면 오른쪽으로 문묘文廟라는 옛 건물 안에 있어요. 문묘는 조선시대 초기인 1398년에 처음 세웠지만 여러 차례 화재를 겪어서 지금의 건물은 임진왜란 뒤에 다시 지은 것입니다.

문묘는 유교의 시조인 공자와 제자들, 그리고 우리나라에서 유교 발전에 큰 업적을 가진 어른들에게 제사를 지내는 건물이에요. 문묘에는 명륜당이 있는데, 명륜당은 조선시대 최고의 교육기관이었어요. 그러니까 문묘는 조선시대 유교를 대표하는 건물이자 최고의 학교로 보면 됩니다. 조선시대 때 가장 중요한 교육은 유교의 가르침이었으니까요.

지금 우리가 만나볼 나무는 바로 문묘의 명륜당 앞마당에 있는 은행나무입니다. 문묘의 은행나무는 400살쯤 됐는데, 키 21미터, 가슴높이 줄기둘레 7미터쯤 되는 아주 큰 나무입니다.

이 은행나무를 관찰한다면 누구라도 유주의 생김새와 크기에 감탄하

게 되지요. 무엇보다 대단히 크게 발달했다는 점이 눈에 띄거든요. 우리나라에서 발견된 유주 가운데에서 가장 큰 게 바로 이 문묘 은행나무의 유주입니다.

줄기 가까이 있는 나뭇가지에서 땅 쪽으로 늘어지듯 발달한 유주는 무려 70센티미터가 넘게 자랐어요. 엄청 커 보입니다. 생김새도 아담하거나 예쁘지 않고 우람하게 자라서 마치 동굴 천장에 매달려 자라는 종유석처럼 보이기도 합니다.

문묘의 은행나무에 얽힌 재미있는 이야기가 있습니다. 앞에서 보았던 전등사 은행나무 이야기 기억하시죠? 거의 비슷한 이야기여서 더 흥미롭습니다. 이 나무도 전등사 은행나무처럼 암나무에서 수나무로 성을 바꾼 나무이거든요.

이 나무가 성을 바꾸게 된 이야기는 이렇습니다. 원래 이 나무도 열매를 많이 맺는 암나무였어요. 이렇게 큰 은행나무에 온통 열매가 맺힐 때를 한번 생각해 보세요. 은행나무 열매에서는 고약한 냄새가 나잖아요. 그런데 한두 개도 아니고, 어마어마하게 많이 매달린 열매가 일제히 고약한 냄새를 풍긴다고 생각해 보세요. 견디기 힘들겠지요.

그런데, 문묘는 조선시대 최고의 학교라고 했잖아요. 아주 우수한 인재들이 공부하는 곳인데, 그런 고약한 냄새가 진동하면 공부할 마음이 들겠어요? 다들 어디론가 피하고 싶은 마음만 들겠지요.

그뿐 아니었어요. 은행나무 열매는 냄새는 고약하지만, 은행이라 부르는 열매 안의 씨앗은 맛도 좋고, 영양도 풍부하거든요. 그러니 근처에 사는 마을 아이들이나 아낙네들은 이 은행나무의 열매를 주우러 문묘 앞마당에 모여들어 야단법석을 떨었다고 해요.

글 읽는 소리가 무성해야 할 명륜당에, 가을이면 동네 조무래기들에서부터 아낙네들로 소란스러우니, 이곳 문묘의 체통 높은 어른들의 체면은 말이 아니었고, 공부도 제대로 할 수 없었어요. 그러자 문묘의 어른들은 제사를 지내며 소원을 빌었어요. "제발 이제는 열매를 맺지 않는 수나무가 되어 주세요"라고 기도를 한 겁니다. 어른들의 기도가 하늘에 닿았는지 이듬해부터 그토록 많은 열매를 맺던 이 은행나무는 수나무로 성을 바꾸어 열매를 맺지 않았답니다.

다양한 유주를 관찰하기 위해 은행나무 한 그루를 더 소개합니다. 이번에도 조선시대 유교와 관계 있는 건물, 즉 향교에 있는 은행나무입니다. 충청남도 서산시 동문동에 있는 서산향교 안마당의 은행나무입니다.

서산향교는 최근에 건물 일부를 보수하고, 마을 어른들이 아이들에게 예절과 한자를 가르치기 때문에 마을 사람들에게는 친근한 곳입니다. 서산향교가 있는 동문동이 서산 시내에서는 비교적 복잡한 길이어서, 찾아가는 데에 애를 먹을 수도 있습니다. 동네 길이 좁아서 더 복잡하게 느껴지기도 하고요.

서산향교는 서산시청에서 1킬로미터 조금 더 떨어진 동북쪽에 있는 서령중학교 근처에 있는데, 시청에서 그쪽으로 가다 보면 '향교 길' 이라는 작은 팻말이 나옵니다. 그 중 향교2길로 들어서면 서산향교에 닿을 수 있습니다.

담장 바깥에서도 은행나무 가지를 볼 수 있지만, 우리가 이 나무를 만나러 가는 것은 독특한 유주를 보기 위해서니 안으로 들어가야 해요. 대개는 문을 열어 두었으니 편안하게 볼 수 있지만, 혹시라도 문이 닫

혀 있으면 향교 근처의 구멍가게나 지나는 마을 어른들에게 향교와 향교의 나무를 보러왔다고 하면 잘 안내해주실 겁니다.

향교 마당에 들어서면 한가운데에 커다란 은행나무가 있습니다. 그리 넓지 않은 마당이어서, 은행나무는 마당 전체를 덮을 만큼 커 보입니다. 이 나무는 조선시대 정종 임금 때 심었다고 합니다. 정종이 임금

으로 지낸 시간이 1398년부터 1400년까지 딱 2년밖에 안 되니, 나무의 나이를 정확히 알 수 있습니다. 610살 정도로 보면 맞겠네요.

키는 25미터까지 컸는데, 가슴높이 줄기둘레는 키만큼 크지 않습니다. 2미터가 채 안 되니, 다른 큰 은행나무에 비하면 작은 편이지요. 그런데 나뭇가지가 펼쳐낸 품은 동서남북으로 30미터나 됩니다. 작은 향교 안마당 전체를 나무 한 그루가 그늘로 덮은 겁니다.

이 은행나무의 유주는 아마도 우리나라의 모든 은행나무 가운데서도 가장 특별하다 해도 될 만큼 독특합니다. 곧고 미끈하게 뻗은 유주가 힘있게 땅을 향해 나온 생김새도 그런데, 그보다 더 놀라운 것은 유주의 개수입니다. 비슷한 모양으로 뻗어 나온 유주가 한두 개가 아닙니다. 가지마다 유주가 주렁주렁 달렸는데, 이제 갓 새로 나온 듯 작은 것까지 합하면, 20개를 넘습니다.

아마도 은행나무 한 그루에서 이렇게 많은 유주를 한꺼번에 볼 수 있는 것은 이 나무가 최고 아닌가 싶습니다. 같은 나무에서 나온 유주이기 때문에 생김새는 비슷비슷하지만, 그래도 잘 살펴보면 조금씩 달라서 관찰의 묘미가 있어요. 3억 년의 오랜 역사 속에서 친척도 다 잃고 홀로 남았지만 은행나무는 참으로 다양한 모습을 갖추고 있는 걸 유주 하나만으로도 충분히 이해할 수 있습니다.

은행나무는 어떻게 쓰일까?

나무의 쓰임새를 생각해봅시다. 살아 있는 생명체 가운데 자신이 아닌 다른 생명체에게 이로움을 주는 게 나무 말고 또 있을까요. 게다가 자신의 생명을 유지하기 위해 다른 생명을 해치지 않는 생명체도 나무 외에는 달리 없을 겁니다. 자신에게 필요한 영양분을 스스로 만들어 일생을 살고, 죽어서까지 다른 생명체에게 요긴한 쓰임새를 남기는 게 나무입니다.

사람들은 나무를 약으로 쓰기 위해 꺾어내기도 하고, 수백 년을 살아온 나무들을 베어내 집을 짓기도 합니다. 종이 한 장을 만들기 위해서도 나무가 필요하지요. 또 우리가 숨 쉴 때에 꼭 필요한 산소는 어떤가요. 나무가 없다면 산소는 누가 만들어줄까요? 또 사람 사는 마을에 오래도록 살면서 봄엔 아름다운 꽃을 보여주고, 여름엔 시원한 그늘을, 가을엔 단풍의 멋진 아름다움을 주지요. 잎을 다 떨어낸 겨울이 되면 나무들은 그동안 줄기 안에 차곡차곡 담아두었던 사람살이의 이야기를 서리서리 풀어내기도 합니다.

세상의 모든 나무가 그러하지만, 은행나무 역시 쓰임새가 무척 많은 나무입니다. 더구나 오랫동안 우리 곁에서 친구처럼 할아버지처럼 가까이 살아온 은행나무를 우리는 어떻게 이용했을까요? 하나하나 짚어보면 정말 은행나무는 씨앗에서부터 잎사귀까지 어느 하나 버릴 게 없는 나무라는 점에서 또 한 번 놀라게 됩니다.

많은 쓰임새 중에 우선 열매부터 살펴볼까요. 열매는 맛도 좋지만 영양가도 많고, 약으로도 아주 요긴합니다. 사실 은행나무 열매는 냄새가 참 고약해서 가까이하기 꺼려집니다. 심지어는 은행나무가 많은 곳에서는 가을이 되면 냄새가 마을 전체에 풍기는 바람에 심한 곤욕을 치르기도 하지요.

그렇게 맛있는 열매가 대체 이런 고약한 냄새를 왜 피우는 걸까요? 이건 은행나무 나름의 생존 전략 가운데 하나예요. 방귀 뀌는 짐승, 스컹크 알지요? 스컹크가 방귀를 뀌어서 독한 냄새를 풍기는 것은 자기를 공격하는 다른 짐승을 막으려는 보호 전략이라는 것도 잘 알겠지요. 은행나무도 스컹크가 자신을 보호하려는 것과 똑같은 이유로 열매에서

냄새를 피우는 겁니다.

씨앗은 나무가 종족을 번식하는 중요한 수단이잖아요. 씨앗이 워낙 맛이 좋다 보니, 많은 짐승들이 먹을거리로 즐겨 찾지요. 은행나무가 만약 아무런 보호 장치 없이 씨앗만 내놓는다면 씨앗은 금세 짐승들의 먹이로 먹혀 없어지고 말 겁니다. 한 해 동안 애써서 이룬 번식을 위한 노동이 헛된 일이 되지 않게 하려고 은행나무는 나름의 보호 전략을 세운 겁니다. 씨앗을 싼 열매의 과육에 고약한 냄새를 띠게 한 겁니다.

게다가 냄새 나는 과육에는 독이 있어서 은행 열매를 손으로 함부로 만지면 피부병이 생길지도 모른답니다. 하기야 워낙 냄새가 고약해서 만질 생각조차 나지 않겠지만요.

은행 열매는 조그만 살구처럼 생겼어요. 그래서 은행이라는 말도 한자의 뜻을 보면 '은銀 빛을 띤 살구'랍니다. 살구의 한자말이 바로 행杏이거든요. 이 열매는 우리가 먹는 은행과 다릅니다. 딱딱한 껍데기로 싸인 은행은 은행 열매 안에 담겨 있지요. 가을에 은행 열매가 떨어지면, 그 열매에서 과육을 벗기고 딱딱한 씨앗 부분만 골라낸 뒤에 껍데기를 벗기고 알맹이만 먹는 겁니다.

우리는 열매 안쪽의 씨앗을 은행이라고 부르지요. 이 은행은 예로부터 장수를 도와주는 훌륭한 식품으로 사랑받아왔어요. 또 호흡기 계통, 즉 기관지와 관련된 병인 기침이나 천식 같은 병에 아주 좋은 효과가 있어요. 호흡기를 좋게 하니 자연히 감기도 잘 예방해 주겠지요. 그러나 아무리 좋은 약도 지나치면 독이 되듯이 은행도 한꺼번에 많이 먹으면 오히려 나쁘답니다. 그래서 한번에 서른 개 이상은 먹지 말라고 하니, 여러분도 맛나다고 너무 많이 먹지는 마세요.

은행나무 잎사귀의 쓰임새도 크답니다. 부모님 세대는 거의 모두가 한 번쯤은 은행나무 잎사귀를 책갈피로 대신했던 경험이 있을 겁니다. 가을에 노랗게 물들어 떨어진 은행나무 잎사귀를 책 사이에 끼워두면 평평하게 펴지면서 아주 예쁘고도 요긴한 책갈피가 되지요.

우연이긴 하지만, 은행나무 잎 책갈피는 과학적인 이유도 있어요. 은행나무 잎이 벌레를 쫓아내거든요. 옛날 어른들은 오래된 책을 잘 보관하려고 일부러 은행나무 잎을 모아서 책 사이에 끼워두었다고 하네요. 책 사이에 끼워둔 예쁜 은행잎 책갈피가 자연스레 책을 오래 보존하는 살충 효과까지 내는 거였답니다.

은행나무 잎은 약품의 재료로도 쓰였어요. 잎에 징코라이드라는 성분이 있는데, 우리 몸의 피가 도는 데 도움을 준다고 해요. 특히 나이 많은 어른들에게는 피의 흐름이 원활하지 않아 걸리는 몹쓸 병들이 많거든요. 그런 병을 고치는 데 효과가 높아 최근에는 은행나무 잎을 구하기 위해 은행나무를 키우는 농장도 생겼습니다. 피를 잘 흐르게 해서일까요? 노인들의 치매를 예방하는 데에도 효과가 있다고 합니다.

은행나무는 크게 자라는 나무이니, 당연히 목재로써의 쓰임새도 많아요. 나뭇결이 고운 데다 깎고 다듬기가 편리해서 많이 이용하는 겁니다. 특히 장기판, 바둑판, 밥상 등과 같이 집에서 쓰는 가구를 만드는 데에 많이 이용합니다. 그야말로 어느 하나 버릴 게 없는 매우 요긴한 나무가 바로 은행나무입니다.

임금의 충실한 신하가 된 은행나무

인조대왕 계마행이라는
어려운 한자로 된 이름의 은행나무가 있어요.

도대체 무슨 말일까요? 우선 인조대왕은 조선시대 임금의 이름이니, '계마행繫馬杏' 이라는 한자만 풀어보면 되겠지요. 우선 우리가 짐작할 수 있는 글자가 하나 있어요. 행杏 자는 원래는 살구를 뜻하는 한자 이지만 은행나무를 가리킬 때도 쓰이니까 여기서는 은행나무를 말하는 것이겠지요. 또 마馬 자는 말을 가리키는 한자예요. 계繫 자가 남았는데, 이건 어른들도 어려워하는 한자랍니다. 뜻은 '맨다' 입니다.

이제 글자는 다 풀었네요. 알겠나요? 예. 맞았습니다. 계마행이란 '말을 매어둔 은행나무' 라는 뜻입니다. 그런데 앞에 인조대왕이라는 말이 붙었으니, 혹시 인조대왕이 말을 매어두었다는 뜻일까요? 그렇지요. 조선시대에는 임금을 거의 하늘처럼 받들어 모셨어요. 그런데 임금이 와서 몸소 타고 온 말을 매어둔 나무라니, 마을 사람들이 귀한 나무로 여겼던 거지요.

이 유별난 별명을 가진 은행나무는 전라남도 담양군 고서면 산덕리에 있습니다. 한적한 고장인데, 최근에 이 나무 주변에 예쁜 전원주택들이 많이 들어서서 풍광이 조금 변했어요. 그렇다고 해서 주변 환경을 해칠 정도는 아닙니다.

지금은 산덕리라고 부르지만, 원래 이 마을 이름은 후산리였어요. 그래서 전라남도 지방기념물로 지정돼 있는 이 나무의 이름도 옛 지방 이름을 따서 '담양 후산리 은행나무' 입니다.

키가 30미터나 되는 큰 나무예요. 낮은 언덕을 오르는 비탈 길 가장

자리에 서 있는데, 하늘을 향해 쭉쭉 뻗어 오른 나뭇가지가 무척 인상적입니다.

300여 년 전에 인조 임금이 이 마을에 볼일이 있어 찾아왔다고 합니다. 정확히 말하면, 인조가 임금이 되기 전이었어요. 인헌왕후의 아들인 인조는 임금이 되기 전에 우리나라를 두루두루 돌아다니며, 지혜로운 선비들과 함께 나라의 살림살이를 어떻게 꾸려갈 것인지 상의했습니다. 그때 이 후산리에 오희도라는 선비가 있었어요. 효성이 지극하기로 소문이 났고, 학식도 높은 이 선비는 이 고을에만 머물렀어요. 그래서 인조가 선비를 만나려고 몸소 이 마을을 찾아왔던 거죠.

먼 곳에서 말을 타고 찾아온 인조 임금은 선비 오희도의 집에 들어서기 위해 말에서 내린 뒤 말고삐를 매어두려 했는데, 그때 바로 눈에 들어온 게 이 나무였던 겁니다. 그래서 나무에 말을 매어두고 오희도의 집으로 들어갔어요. 선비 오희도의 집은 나무 바로 옆에 있었거든요. 최근에 그분의 집을 멋지게 복원해 인조 임금이 이곳을 찾았다는 사실이 더 실감나게 했답니다.

따지고 보면 임금의 말을 잠깐 매어두었다 해서 뭐 그리 특별한 나무이겠습니까? 하지만 그건 지금 우리들의 생각이지요. 당시에는 임금이 이 후미진 마을을 찾아왔다는 것만으로 마을 사람들이 자랑삼을 만한 사실이었어요. 게다가 임금이 되기 전이었지만, 단지 인헌왕후의 아들인 왕가의 후손이 이곳을 찾아왔다는 사실을 오래 기념하기 위해 마을 사람들은 나무에 특별한 이름을 붙여주고 그 특별한 사실을 두고두고 기억한 겁니다.

장군의 말을 매어둔 은행나무

나무가 좋다! **논산 이삼 장군 고택 은행나무**

임금의 말을 매어둔 나무로
기억되는 나무가 있는가 하면
용맹스러운 장군의 말을 매어두었던 나무도 있어요.

바로 조선시대에 충청남도 논산에서 태어나 활동한 이삼 장군의 말을 지켜준 나무입니다.

이삼 장군은 조선시대 영조 임금 때, 당파 싸움으로 일어난 난을 진압하는 데에 큰 공을 세운 훌륭한 장군이지요. 장군의 고향인 논산 노성면 주곡리에는 장군이 살던 옛집이 그대로 남아 있어요.

옛집 솟을대문 앞에 은행나무 한 그루가 우뚝 서 있는데, 바로 장군의 말을 지킨 나무입니다. 나무의 나이는 300살이 넘었어요. 나무줄기는 두 아름 정도인데, 싱그럽고 건강하며 키는 12미터쯤 됩니다. 어른 키 높이쯤에서 퍼져 나간 굵은 가지들이 마치 장군의 기상처럼 거침없이 하늘로 솟구쳐 오른 멋진 나무입니다.

장군은 바짝 말랐지만, 말고삐를 잡고 군사들을 지휘할 때만큼은 거역할 수 없는 카리스마가 하늘을 찌를 만큼 엄숙해서 군사들이 두려워할 정도였습니다. 장군은 집에 돌아오면 늘 이 은행나무에 말 고삐를 맸어요. 그래서 마을 사람들은 은행나무에 고삐 매인 말이 있으면, 장군이 집에 있는 줄 알았답니다. 그런 날이면 마을 전체가 고요할 정도로 장군의 위엄은 대단했어요. 그러다 보니, 은행나무도 장군의 위엄을 상징하는 나무가 된 겁니다.

말을 매어둔 나무가 어찌 이삼 장군 옛집의 은행나무나 담양 후산리 은행나무뿐이겠어요? 많은 나무 가운데 인조나 이삼 장군처럼 시대를 대표할 만큼 훌륭했던 인물들을 기억할 수 있는 나무들을 골라 새 이름도 붙여주고, 마을 사람 모두가 지극 정성으로 지켜온 겁니다.

사람과 나무가 서로를 지켜온 은행나무

시골 마을을 여행하게 되면,
마을마다 한두 그루씩 서 있는 커다란 나무를 보게 됩니다.

넓게 펼쳐진 들녘을 앞으로 하고 옹기종기 작은 집들이 모여 있는 한적하고 평화로운 시골 마을에는 마을로 들어서는 길가에 커다란 나무가 있습니다. 사람들은 그 나무를 흔히 정자나무라고 부릅니다.

우리나라의 여러 나무 중에 정자나무로 가장 많이 쓰이는 건 느티나무입니다. 가지를 넓게 펼치고, 잎이 무성하게 돋아나 시원한 그늘을 드리우니, 자연스레 사람들은 느티나무 그늘에 모이는 거죠. 정자나무가 되려면 느티나무처럼 가지를 넓게 펼쳐야 하고, 잎사귀가 무성하게 돋아나 시원한 그늘을 드리워야 합니다.

그런 정자나무가 될 조건에 느티나무 못지않게 적당한 나무가 은행나무입니다. 느티나무만큼은 아니어도 우리나라에는 은행나무 정자가 많아요. 은행나무 정자 가운데 오랜 역사를 가진 대표적인 곳을 찾아가 봅시다. 충청남도 금산 추부면 요광리에 있는 나무가 그 은행나무 정자입니다.

천연기념물 제84호인 요광리 은행나무는 아예 '행정 은행나무' 라고 부릅니다. 행정杏亭은 은행나무를 뜻하는 행杏 자와 정자를 뜻하는 정亭 자로 이루어졌으니, 글자 그대로 '은행나무 정자' 라는 뜻입니다.

행정 은행나무는 역사와 유래가 깊은 나무이지만, 일단 생김새부터 사람을 압도할 만큼 무척 큰 나무입니다. 키는 20미터, 가슴높이 줄기 둘레는 12미터가 넘습니다. 대단히 크지요. 너른 벌판 가장자리에 홀로 우뚝 서 있기 때문에 바라보기만 해도 마음이 푸근해지는 나무입니다.

원래는 지금보다 훨씬 더 큰 나무였다고 합니다. 그런데 오래 전에 이 마을을 뒤엎은 바람에 큰 가지가 부러져 지금처럼 크기가 줄어든 거예요. 그래도 여전히 큰 나무예요.

가지가 부러졌을 때 마을 사람들은 부러진 가지로 집에서 쓸 가구를 만들었다고 합니다. 은행나무는 집에서 쓰는 가구, 특히 바둑판이나 장기판, 밥상을 만들기에 좋은 나무이거든요. 사람들은 주로 밥상을 만들었는데, 부러진 가지가 하도 커서 무려 3년 동안 넉넉하게 썼다고 합니다. 그뿐만 아니라 밥상을 만들고 남은 가지는 돌아가신 분들을 편안하게 모시기 위해 좋은 관을 만들었는데, 무려 서른일곱 개나 만들었다네요. 부러진 가지가 그만큼 컸다니, 나무의 전체 크기가 얼마나 컸는지는 짐작할 수 있겠지요.

이 나무는 나이도 대단합니다. 1000살 정도 됐다고 합니다. 정말 오래 살아온 나무입니다. 나무의 줄기 부분을 바라보면 나이가 짐작될 만도 하지요. 마치 잘 빚어낸 큰 항아리처럼 둥글둥글하게 몸뚱이를 키운 줄기는 곳곳에 깊은 상처도 있지만 오랜 세월을 살면서도 흐트러지지 않은 단정함을 간직하고 있어서 대단하다는 느낌이 듭니다.

자세히 관찰하면 재미있는 모습도 볼 수 있어요. 큰 가지가 부러졌기 때문에 나타난 현상입니다. 남쪽으로 뻗어 나온 커다란 나뭇가지와 북쪽으로 뻗은 가지가 서로 다르게 보입니다. 한쪽 가지는 둥글게 자랐는데, 다른 쪽 가지는 삐죽삐죽 솟아났어요. 어떻게 보면 하나의 나무에서 자란 가지처럼 보이지 않고, 마치 두 그루의 나무가 붙어서 자라는 것처럼 보인답니다. 커다란 나무 두 그루가 붙어서 자랐다고 해도 믿을 만큼 큰 나무이니, 그런 느낌이 드는 건지도 모르지요.

나무가 크다는 데에 알맞춤한 전설도 있어요. 옛날에 이 나무 그늘 아래서 마을의 한 농부가 낮잠을 잤어요. 나무 그늘만큼 낮잠 들기 좋은 곳이 없지요. 농사일로 지친 뒤의 낮잠이어서 상당히 달콤했던 모양이에요. 농부는 저녁 해거름 때까지 계속 쿨쿨 잤답니다.

때마침 뒷산에 살던 호랑이가 먹을거리를 찾아 마을로 어슬렁어슬렁 내려왔지요. 논밭에서 일하던 마을 사람들이 모두 집으로 돌아간 뒤여서, 호랑이는 먹이를 찾기가 어려웠어요. 그때 어디에선가 사람 냄새가 솔솔 풍겨왔어요. 바로 은행나무 아래서 잠든 농부의 냄새였어요. 호랑이는 농부를 잡아먹으려고 성큼성큼 사람 냄새가 풍겨오는 쪽으로 다가가려 했지요.

하지만 가까이 가지 못했어요. 사람 냄새가 나는 쪽에 자기로서는 도저히 대적하기 어려울 만큼 커다란 '무엇' 이 있었고 맛있는 저녁거리인 농부는 그 커다란 '무엇' 아래 있었거든요. 호랑이는 자칫 잘못 덤벼들었다가는 그 '무엇' 이 도리어 자기를 잡아먹을지도 모른다는 생각으로 무서웠어요. 호랑이를 떨게 한 그 '무엇' 이 바로 이 행정은행나무였던 겁니다. 숲 속에 사는 호랑이가 나무를 처음 본 건 아니지만, 그만큼 큰 나무는 처음 본 거였거든요. 그래서 그걸 나무라고 생각하지 못하고 무서워한 거였어요. 호랑이는 한참 동안 어마어마하게 큰 은행나무를 향해 몇 차례 '어흥' 거려 봤지만, 은행나무는 어떤 소리에도 꼼짝하지 않았어요. 호랑이는 시간이 흐를수록 은행나무가 더 무서워졌고, 할 수 없이 은행나무를 피해 꽁무니를 빼고 줄행랑을 놓았다고 합니다. 호랑이도 무서워 도망할 만큼 커다란 이 은행나무는 신라시대 때부터 정자나무로 이용했던 나무인데, 조선시대에 이르면 율곡 이이와 같은 선비의 글에도 등장할 정도로 유명합니다.

이 나무가 행정 은행나무라는 이름을 갖게 된 건 500년 전쯤 이라고 해요. 마을의 한 어른이 나무 옆에 정자를 짓고, 은행나무 정자라는 뜻인 '행정杏亭' 이라고 한 거죠. 그때부터 이 나무는 행정 은행나무라고 부르게 되었습니다. 아쉽게도 그때 지은 행정은 없어졌지만, 지금도 나무 곁에는 예쁘장한 정자가 한 채 있습니다. 나무의 유래와 역사를 보전하기 위해 최근에 새로 지은 정자예요. 정자는 옛날 이름을 본떠 행정헌杏亭軒이라고 해요.

마을 사람들은 해마다 음력 정월 초사흗날 자정에 나무 앞에 모여서 제사를 올립니다. 마을의 평화와 안녕을 기원하는 제사지요. 옛날에 호랑이 먹이가 될 뻔했던 농부를 지켜주었듯이 오래도록 마을 사람들을 모든 위험으로부터 지켜달라는 소원을 담은 제사입니다.

이 제사를 잘 치르기 위해 마을에서는 한 달쯤 전에 제사를 지낼 때 중심이 될 어른을 정합니다. 그분을 제주祭主라고 부르지요. 제주가 된 어른은 한 달 동안 먹는 것뿐 아니라, 말까지도 조심해야 합니다. 몸과 마음을 깨끗이 해야 신성한 제사를 바르게 올릴 수 있다는 뜻에서지요. 나무가 사람을 지켜준 것처럼 나무를 지키려는 사람의 정성도 대단합니다. 이처럼 사람과 나무가 서로 소중하게 지켜온 행정 은행나무는 마을에 재난이 닥칠 때, 큰 소리로 울어 미리 알려주었다네요.

또 한 가지 여러분들에게만 꼭 알려줄 행정 은행나무의 비밀이 있어요. 어두컴컴한 한밤중에 이 나무 그늘 아래에 들어가서 한 시간 정도 머무르면, 똑똑해지는 신통력이 생긴대요. 한밤중 한 시간이라면 짧은 시간은 아니지만, 그래도 한번 해볼 만하지 않은가요?

은행나무와
우리 문화
2부

은행나무는 우리나라 어느 곳에서나 흔히 볼 수 있는 나무이지만, 특히 유교 관련 건축물에서 많이 볼 수 있지요. 유교 혹은 유학이라 하면 공자의 가르침을 따르는 학문이자 종교이죠. 유교와 유학 관련 건축물로 대표적인 건 향교와 서원입니다.

향교는 조선시대의 학교로 보면 되는데, 그때 학교에서 가르친 가장 중요한 학문이 바로 유학이었어요. 그러니 향교는 유학을 공부하는 학교였다고 보면 됩니다. 유학이 크게 발전했던 조선시대에는 지방마다 향교가 있었지요. 그래서 서산향교, 제주향교, 나주향교 식으로 지방 이름을 붙인 향교가 많이 있습니다.

향교에서 공부하던 학생들은 주로 과거 시험 합격을 목표로 했는데, 조선 후기에 과거 시험이 없어지면서부터 자연스레 향교에 공부하러 오는 학생도 없어졌어요. 그래서 향교는 차츰 학교 역할은 거의 하지 않고 마을의 훌륭한 유학자를 기리는 제사용 건물로 남게 됩니다.

향교와 함께 대표적인 유학 관련 건축물은 서원입니다. 여러분도 잘 아는 도산서원, 소수서원 등입니다. 서원은 향교와 비슷한 학교인데, 향교가 국가나 지방에서 운영하는 지금의 국공립학교와 비슷하다면, 서원은 사립학교입니다. 서원은 국가의 지원을 받지 않고, 지방의 훌륭한 선생님들이 제자들을 길러 내기 위해서 아이들을 불러 모아 가르치는 학교입니다. 서원도 향교와 마찬가지로 조선 후기부터는 교육기관의 기능을 버리고 제사를 지내기 위한 건물로 남았어요.

향교와 서원은 조선시대 건축물의 대표적인 자취여서 우리 문화재 답사에서는 빼놓지 않는 곳입니다. 향교와 서원에서는 어김없이 커다란 은행나무를 볼 수 있습니다. 주변의 산과 들에 다른 나무들도 많이 있는데 향교와 서원에는 유난하다고 할 만큼 은행나무를 심었지요. 그게 다 이유가 있는 일이랍니다.

유학의 시조인 중국의 공자는 제자들을 불러 모아 가르칠 때 꼭 은행나무 그늘에서 했어요. 은행나무와 유학의 가르침이 특별한 관련이 있어서가 아니라, 별다른 건물이 없던 그 옛날에 공부하기 좋은 곳으로 나무 그늘을 택한 것이고, 공자가 살던 마을에 은행나무가 많이 있었던 것이 아닌가 생각됩니다. 공자가 가르침을 베풀던 곳을 '행단杏壇' 이라고 부르는데, 여기의 '행' 은 은행나무를 뜻하고 '단' 은 교단을 말하니, 행단은 곧 은행나무 교실입니다.

공자의 가르침을 이어가려던 유학의 선생님들은 공자의 뜻과 방식을

따른다는 생각으로 향교나 서원을 지은 뒤에는 반드시 은행나무를 주변에 심고 가꾸며, 공자처럼 제자들을 잘 길러 내려 했습니다.

향교와 서원처럼 유학과 관련된 곳 외에 오래된 은행나무가 많은 곳은 불교의 절입니다. 경기도 양평의 은행나무도 용문사라는 오래된 절에서 자란 나무이고, 앞으로 우리가 함께 만나볼 커다란 은행나무 가운데에도 큰 절집에 서 있는 나무가 많아요. 절이 아니어도 훌륭한 스님과 관련을 맺은 은행나무들은 쉽게 찾을 수 있답니다.

그렇지만 불교와 은행나무 사이에 특별한 관계가 있는 것은 아니에요. 우리나라의 불교가 중국을 거쳐서 들어오는 경우가 많았고, 중국에 은행나무가 많다 보니 불교가 전해오는 과정에서 함께 들어왔을 것이라 보면 틀리지 않습니다. 결국 불교, 유교와 깊은 관계를 맺고 있는 우리 민족의 옛 문화에선 은행나무가 매우 중요한 위치를 차지하는 걸 알 수 있습니다.

요즘은 은행나무를 좋아하는 사람들이 많아지면서 유교나 불교와 상관없이 흔히 볼 수 있는 나무가 은행나무입니다. 도시에서도 은행나무를 많이 심어 키우지요.

도시의 가을 풍경을 생각해 보세요. 노랗게 물든 은행나무 잎을 이야기하지 않고 어떻게 우리의 가을을 이야기할 수 있겠어요. 가을 도시의 가장 대표적인 상징이라 해도 될 겁니다. 노랗게 물든 은행나무 잎이 수북이 떨어진 길은 참 아름답습니다. 그래서 서울을 비롯한 여러 도시에서는 아름다운 은행나무 길을 보존하기 위해 몇몇 아름다운 낙엽 길을 정해서 한동안 낙엽을 치우지 않습니다. 가을이 주는 정취를 오래 느낄 수 있게 하자는 생각이지요.

맹씨 행단
은행나무

청백리라는 말을 들어보았나요?

한자말이어서, 익숙하진 않겠지만 요즘도 많이 쓰는 말이에요. 높은 벼슬자리에 있지만, 벼슬을 이용해서 돈을 모으려 하지 않고 스스로는 가난하게 살면서 백성이 편안하게 살도록 애쓴 훌륭한 어른을 가리키는 말이지요.

우리 역사를 통틀어 청백리라는 이름에 가장 잘 어울리는 훌륭한 어른으로는 맹사성을 첫손에 꼽습니다. 이 어른은 세종대왕 시절에 이조판서 · 우의정 · 좌의정 등 높은 벼슬을 두루 거쳤지만, 평생 가난하게 살면서 오로지 백성들을 보살피는 일에만 전념했던 훌륭한 분이지요.

이 어른이 살아 있을 때 머무르던 집이 아직 그대로 남아 있답니다. 충청남도 아산시 배방읍 중리의 '맹사성 고택' 이 바로 그 집이에요. 우리나라의 살림집 가운데 가장 오래된 집이니, 집을 구경하기 위해서라도 한번 찾아가 볼만하답니다.

맹사성 고택은 참으로 작은 집이랍니다. 집 구경이라고 말하기가 쑥스러울 만큼 금세 둘러볼 수 있는 아주 작은 집이에요. 무척이나 작고 초라해서 '이게 어떻게 조선 초기에 최고 벼슬을 지낸 어른이 살던 집이냐' 고 의아해할지도 모릅니다. 그런데 가만히 생각해보면 자신을 돌보지 않고 백성의 살림살이에만 신경 쓴 어른이다 보니, 이처럼 작은 집에서도 만족하며 살았던 게 아닐까 하는 마음이 듭니다. 이 집은 이 시대에 벼슬하는 사람들에게 본보기가 될 겁니다.

이 집은 1330년 고려시대에 최영 장군이 처음 지은 집이에요. 최영 장군의 손녀딸이 맹사성과 결혼하자, 장군이 이 집을 손녀딸 부부에게 넘겨준 것이랍니다.

아담하다기보다는 앙증맞다고 해야 맞을 듯한 작은 집인데, 사람 두 명 정도 들어서면 꽉 차는 비좁은 온돌방이 양쪽에 하나씩 있고, 가운데에는 양쪽 방보다 조금 넓은 대청마루로 이루어졌지요. 넓고 큰 집만 좋아하는 요즘 사람들의 눈으로 보면 초라하다 하겠지요.

맹사성 어른이 이 집에서 살던 때가 지금으로부터 약 600년 전이에요. 그때 어른은 이 집 앞마당에 손수 나무를 심었어요. 은행나무 두 그루였습니다. 이 나무가 넓은 그늘을 드리울 만큼 잘 자라면, 나무 그늘에 마을 아이들을 모아놓고 글공부를 가르칠 생각이었다고 합니다. 마치 공자가 은행나무 아래서 제자들을 가르친 것처럼요.

그래서인지 이 나무가 있는 자리를 마을 사람들은 '맹씨 행단' 이라고 부릅니다. 행단은 앞에서도 이야기했듯이 공자가 제자들을 가르치는 곳이라는 뜻인데, 맹씨 어른이 가르침을 베푸는 곳이니 맹씨 행단이라 한 거죠.

그때 어른이 심고 정성 들여 가꾼 나무가 아직도 살아 있습니다. 살림집이 작아서일까요? 마당 가장자리에 서 있는 은행나무는 매우 커 보입니다. 맹사성 어른이 심은 나무이니, 나이는 이미 600살을 넘겼을 겁니다.

두 그루가 적당히 거리를 두고 서 있는데, 둘 중 조금 더 큰 나무의 키는 무려 35미터나 됩니다. 가슴높이 줄기둘레도 9미터나 되고요. 이 정도면 우리나라 은행나무 가운데에서 큰 나무에 속합니다. 곁의 나무는 키가 5미터 정도 작은데, 그래도 역시 나이가 같은 큰 나무입니다.

나무 두 그루가 나란히 서 있다 해서 사람들은 '쌍둥이 은행나무' 라고도 불렀습니다. 한자를 많이 쓰던 옛사람들은 '쌍행수雙杏樹' 라고도 했어요. 쌍둥이 쌍雙 자에 은행나무 행杏 자를 쓴 거죠.

한창때에 두 나무는 서로 마주 보며 쌍둥이처럼 근사하게 잘 자랐겠지요. 그러다가 햇볕을 조금 더 많이 받은 나무가 키를 더 키우면서 지금처럼 약간의 차이를 보이는 겁니다.

훌륭한 조상께서 손수 심고 가꾼 나무라 생각하고 나무 앞에 서 있자니, 나무 그늘에 마치 맹사성 어른이 앉아 계시는 듯한 느낌까지 듭니다. 나무줄기 곳곳에는 오래 살아오면서 어쩔 수 없이 생긴 상처가 나 있고, 또 이 나무를 조상의 뜻과 함께 잘 지키려던 후손들의 손길로 소중하게 수술한 흔적도 남아 있습니다.

나무뿌리 둘레에는 단을 쌓아올렸고, 사람들이 마구 들어가지 못하도록 울타리까지 쳐두었습니다. 나무를 오래오래 지키는 것은 어쩌면 청백리로서 모범을 보여준 맹사성 어른의 뜻을 지키는 것에 다름 아닐 겁니다.

은행나무는 아니지만, 맹사성 고택에 가면 꼭 함께 살펴보아야 할 나무가 또 있습니다. 느티나무 몇 그루인데, 이 나무들을 만나려면 집의 뒤쪽으로 난 쪽문 바깥으로 나가야 합니다. 문 바깥으로는 넓은 들녘이 펼쳐지는데, 들판 위쪽 언덕에 작은 정자가 있어요. 정자의 이름은 '구괴정九槐亭' 이에요.

구괴정은 아홉 구九 자와 느티나무 괴槐 자를 쓴 겁니다. 그러니 아홉 그루의 느티나무 정자라고 보면 될 겁니다. 이 정자는 맹사성 어른이 자주 머무르던 곳인데, 둘레에 느티나무 아홉 그루를 심었기 때문에 구괴정이라고 불렀습니다. 그때부터 600년을 지나면서, 아홉 느티나무 가운데 여섯 그루는 오래전에 죽었지만, 세 그루는 아직 남아 있습니다. 이 정자도 여러 차례 고쳐 지었기 때문에 옛 모습과는 많이 다르지만, 600년의 긴 세월을 살아온 느티나무 세 그루가 이 정자를 지키고 서 있습니다.

마을 들판이 내다보이는 언덕 위의 풍경도 아름답지만, 이 정자에 들어앉아서 들녘에서 일하는 백성을 물끄러미 바라보며 좋은 정치를 생각했을 우리 역사 속의 훌륭한 어른을 떠올린다는 것은 더 없이 의미 있는 일입니다.

역사나 문화를 공부할 때, 그저 서기 몇 년에 무슨 사건이 있었고, 그 사건으로 누가 어떻게 됐는지를 달달 외우는 게 중요하지 않습니다. 진짜 중요한 것은 이처럼 훌륭한 옛 조상의 흔적을 찾아가 여러분 스스로 직접 그분들이 남긴 발자취와 숨결을 몸소 느끼고 체험하는 일입니다.

서원 마당에 서 있는 은행나무

대표적인 유교 건물인 서원 앞에
서 있는 은행나무를 만나보아요.

전라남도 장성군 황룡면 필암리에 있는 필암서원으로 갑시다. 장성은 홍길동이 태어난 곳이기도 해요. 홍길동은 소설 속의 주인공으로 알려졌지만, 최근에 홍길동이 실제로 살아 있던 인물이라는 게 밝혀졌다고 합니다. 장성 황룡면이 바로 홍길동이 살던 곳이랍니다.

홍길동만큼 이 지역에서 자랑스러워하는 인물은 조선시대의 대표 선비 김인후이고, 그분을 추모하기 위해 세운 건물이 바로 필암서원입니다.

김인후 선생은 벼슬을 좋아하지 않았어요. 스물네 살 때부터 중요한 벼슬을 했지만, 서른을 조금 넘긴 뒤에는 모든 벼슬을 버리고 고향인 이곳에 돌아와 글공부만 하면서 살았답니다.

필암서원은 일제강점기와 한국전쟁을 거치면서도 별로 훼손되지 않고 옛 모습을 그대로 보존한 서원 중 하나로 호남을 대표하는 서원이랍니다. 필암서원을 찾아가면 가장 먼저 눈에 들어오는 건 은행나무 한 그루입니다.

필암서원 은행나무는 200살 정도 된 나무이니, 그리 우람한 나무는 아닙니다. 키는 19미터까지 자랐지만, 최근에 건강이 안 좋아서 잔가지를 많이 쳐내면서 건강을 회복시키는 중이어서 조금 앙상해 보이기도 합니다. 그리 큰 나무는 아니지만, 은행나무가 마치 필암서원의 대문을 지키듯 이 자리에 서 있다는 것이 인상적입니다.

서원 앞에는 바깥 대문이라 할 수 있는 홍살문이 있는데, 바로 그 홍

살문 곁에 은행나무가 도도하게 서 있어요. 이 서원이 조선시대에 유학을 깊이 연구하던 훌륭한 선비를 추모하는 곳임을 가리키는 듯합니다.

이 나무가 김인후 선생과 직접 관계있는 건 아닙니다. 나무는 200살쯤 된 것으로 보이는데, 선생의 업적을 기리기 위해 서원을 지은 후손들이 선생과 가장 잘 어울리는 나무로 은행나무를 골라 심은 것이지요.

서원 안에도 여러 그루의 나무가 있는데, 눈에 띄는 나무는 역시 은행나무입니다. 그야말로 은행나무는 서원의 지킴이이자 기둥 노릇을 하고 있는 겁니다.

많은 종류의 나무들 가운데 굳이 은행나무를 골라 심었다는 게 재미있지요. 옛사람들은 구태여 유교의 상징인 은행나무를 골라서, 서원의 중요한 자리에 심어 가꾸며 선비 김인후 선생이 살아생전에 지켜냈던 꼿꼿한 지조를 따르고자 한 겁니다.

홍살문 앞 은행나무는 건강이 그리 좋은 편이 아니지만, 이 자리에 없어서는 안 될 만큼 중요한 나무임에 틀림없습니다. 은행나무는 유교의 가르침을 상징하는 나무이고, 김인후 선생은 조선 시대 유교의 발전에 중요한 인물이니, 나무와 인물이 잘 어울립니다. 잔가지를 잘라내 앙상해 보이지만, 더 강하고 우람하게 이 나무를 지키려는 이곳 사람들의 정성이 더 많이 보태진 까닭이라고 생각하면 오히려 더 의미 있어 보입니다. 은행나무는 앞으로 더 오랜 시간 동안 필암서원을 꼿꼿이 지켜나가는 상징으로 자리 잡을 것입니다.

금줄을 두른 은행나무

옛날 사람들이 가장 두려워했던 대상은 자연이었어요. 곰곰이 따져 보면 자연의 힘이 두려운 건 과학의 시대라는 지금도 마찬가지예요. 아무리 과학기술이 발달해도 지진이나 태풍, 그리고 쓰나미와 같은 자연의 재난을 막을 재간이 없잖아요. 그러니 과학기술이 제대로 발달하지 못했던 옛날에야 오죽했겠어요.

논밭에 심은 곡식들을 잘 키우기 위해서 하늘에서 비가 내리기만을 기다리던 사람들에게 자연은 두려움을 넘어서서 아예 존경이나 숭배의 대상이었어요. 사람들은 늘 하늘을 향해 소원을 빌었어요. 가뭄이 들면 비가 오게 해 달라고 기우제를 지내고, 풍년이 들면 농사가 잘되게 도와준 하늘에 감사 제사를 올리면서 내년에도 풍년이 들게 해달라고 빌었어요.

자연의 힘을 두려워한 사람들은 자연에서 대상을 찾아 그의 힘을 믿고, 그의 힘에 기대어 소원을 빌었어요. 그러려면 그 대상은 일단 커야 했습니다. 동물이라면 강아지나 개미같이 작은 동물이 아니라, 호랑이나 곰 같은 거대한 짐승이어야 했지요. 단군신화에도 호랑이와 곰이 나오잖아요. 주변에서 가장 크고 힘이 강해 보이는 짐승으로 호랑이와 곰을 떠올리며 만든 신화인 거죠.

들녘에서 농사짓는 농부들에게는 호랑이나 곰에 비할 수 있는 큰 대상이 바로 나무였습니다. 마을 어귀에 우뚝 서 있는 나무는 세상의 어떤 생명체보다 덩치가 크잖아요. 게다가 나무는 키가 무척 커요. 사람들은 늘 하늘을 향해 소원을 빌고, 우리의 소원이 하늘에까지 잘 전해지기를 기도했는데, 나무는 키가 크니 나무에게 소원을 빌면, 그 소원을 하늘에까지 잘 전해주리라고 믿었던 거죠.

그뿐만 아닙니다. 세상에 나무만큼 오래 사는 생명체도 없지요. 큰 나무 한 그루는 우리 아버지, 아버지의 아버지, 할아버지의 할아버지 때부터 살아왔고, 앞으로 아들의 아들, 손자의 손자가 살 때까지 계속 살 것으로 생각하며, 나무의 생명력을 신성하게 여겼습니다. 비가 오나 눈이 오나 끄떡없이 움직이지 않고 살아가는 나무야말로 세상의 다른 무엇보다 신성한 자연물이라고 받아들였어요.

그래서 사람들은 마을에서 가장 크고 잘생긴 나무를 정해서 그 나무 앞에서 마을 제사를 지냈습니다. 그 제사를 '당산제'라고 부르고, 마을 동洞 자와 제사 제祭 자를 써서 '동제洞祭'라고도 불렀습니다. 그리고 당산제를 지내는 나무를 당산나무라고 부른 겁니다.

시골 마을을 지나다 보면 당산나무를 쉽게 만날 수 있지요. 처음 보는 사람도 당산나무만큼은 단박에 알아볼 수 있는 유별난 특징이 하나 있어요. 나무줄기에 금줄을 둘러놓았기 때문이에요. 새끼줄로 만든 금줄은 이 나무가 신성한 나무라는 표시입니다. 여러분도 시골 마을을 여행하면

서 본 적이 있을 겁니다. 커다란 나무줄기에 새끼줄을 둘러쳐 놓은 것을요. 또 금줄 사이에 소원을 적은 헝겊이나 종이를 끼워놓기도 합니다.

당산나무를 향해 비는 소원은 마을 사람 모두가 편안하고 건강하게 살 수 있게, 농사짓는 마을이라면 풍년이 들게 해 달라는 것이지요. 한마디로 잘 살게 해달라는 것입니다.

은행나무 가운데에는 마을을 지켜주는 당산나무가 무척 많습니다. 은행나무 외에도 느티나무와 소나무, 그리고 남부지방에서는 팽나무와 푸조나무가 당산나무이기도 해요. 은행나무나 느티나무, 소나무가 당산나무로 많은 건 하늘 높이 크게 자랄 뿐 아니라, 오래오래 살기 때문이겠지요.

은행나무 가운데에는 1500년을 살아온 삼척 늑구리 은행나무가 있는가 하면, 40미터를 넘는 큰 키로 자라난 양평 용문사 은행나무가 있잖아요. 그런 나무들을 바라보면 누구라도 나무의 생명이 보여주는 신성함에 감탄하지 않을 수 없겠지요.

당산제를 올리는 나무

나무가 좋다! **금산 보석사 은행나무**

천 살 넘은 은행나무가
우리나라에는 몇 그루 있습니다.

금산 행정 은행나무도 그렇고, 키가 가장 큰 은행나무인 양평 용문사 은행나무나 삼척 늑구리 은행나무도 모두 천 살을 넘긴 장수 은행나무지요. 한 그루 더 소개할게요. 금산 행정 은행나무에서 그리 멀지 않은 오래된 절집 앞에 있는 은행나무입니다.

통일신라 시절, 조구대사라는 훌륭한 스님이 있었어요. 스님은 중국에서 불교를 공부하고 돌아와서 그 가르침을 실천하기 위해 금산의 진락산 자락에 절을 지었어요. 바로 앞산에서 캐낸 금으로 부처님 상을 만들고, 보석처럼 빛나는 부처님 상을 귀하게 여긴다는 뜻으로 절 이름을 보석사라고 했지요. 부처님 상까지 완성하고 나서 스님은 제자와 함께 절집 앞을 흐르는 개울 건너편 너른 비탈에 나무 한 그루를 심었어요. 그때가 885년이었고, 심은 나무는 은행나무였습니다.

나무 심은 날부터 나이를 계산해 보면, 1100살이 넘었네요. 신라 후기에 심은 나무이니, 신라가 패망한 다음 심은 용문사 은행나무보다 훨씬 나이가 많은 겁니다.

나이만큼 크기도 만만치 않습니다. 키는 34미터이고, 가슴높이 줄기 둘레는 11미터쯤 됩니다. 줄기 옆으로는 여러 개의 맹아가 돋아나서 전체적인 생김새도 멋집니다. 이 나무의 맹아는 줄기에 바짝 붙어 자랐기 때문에 얼핏 보면 원래 줄기처럼 보여요.

나뭇가지도 넓게 퍼졌어요. 동서 방향으로 24미터, 남북으로 21미터 정도 되니 매우 큰 나무이지요. 이 나무가 무척 듬직해 보이는 것은 맹아가 많이 돋은 것과 상관없이 중심 줄기가 상하지 않고 잘 살아서, 맨

꼭대기까지 쭉 뻗어 올랐기 때문이에요. 천 년을 넘게 산 은행나무도 흔치 않지만, 그렇게 오래 산 나무 가운데 이 나무처럼 중심 줄기가 끝까지 뻗어 오른 경우는 더 드물어요.

나무가 서 있는 자리는 개울가 비탈 중간쯤인데, 비탈에 이어지는 낮은 동산에 폭 파묻히듯 자라나서 앞에서 보면 큰 나무여도 아늑해 보이지요. 하지만, 옆에서 보면 우람한 둥치가 돋보여 매우 듬직해 보입니다. 바라보는 방향에 따라서 서로 다른 표정을 보여주는 게 신기합니다.

이 나무를 보기에 가장 좋은 때는 우리 민족의 4대 명절 가운데 하나인 단오절입니다. 늘 한가롭고 아늑하기만 한 보석사 은행나무 주변이 이날만큼은 많은 사람으로 왁자해진답니다.

금산군 축제가 된 은행나무 대신제가 바로 이 나무 앞에서 열리기 때문이지요. 은행나무 대신제는 당산굿에서부터 목신제, 살풀이 등 다양한 전통 굿을 한꺼번에 치르는 매우 흥미로운 행사입니다. 대신제는 금산군의 대표적인 행사로, 제사 전체를 금산 군수가 직접 주관한답니다.

여러분은 당산굿이나 살풀이를 본 적 있나요? 보석사 은행나무 앞에서 여는 대신제는 규모가 큰 행사일 뿐 아니라, 차츰 사라져가는 우리 전통 굿을 온전히 다시 살려냈답니다. 나무와 함께 볼 수 있는 행사이니, 속속들이 살펴보기로 하죠.

대신제는 길굿으로 시작합니다. 길굿은 농악대가 은행나무 주변은 물론이고, 보석사 전체를 빙빙 돌면서 북 · 장구 · 꽹과리 · 징 등을 울리면서 사람들을 모으는 잔치의 시작입니다. 길굿이 끝나면 제사를 주관하는 분들이 제사 복식을 멋지게 차려입고 나무 앞에 차려놓은 제

사상 앞에서 나무에 예를 올립니다. 인사를 하고, 기도문을 정성껏 읽어요. 인사 예를 마친 어른들은 나무 둘레에 금줄을 둘러쌉니다. 신성한 나무라고 표시하는 거예요. 나무가 워낙 커서 예를 올린 사람들만으로는 금줄을 둘러싸기 어려워 제사를 돕는 많은 분이 함께 줄을 잡아주어야만 하지요.

그다음에 모두가 막걸리를 한 바가지씩 떠서 나무 주위에 골고루 뿌립니다. 막걸리의 영양분을 잘 받아 마시고, 오래오래 건강하라는 기원을 담은 거지요. 왜 막걸리냐고요? 막걸리는 우리 조상이 빚어 마시는 술로 영양분이 많거든요. 찹쌀 · 쌀 · 보리 · 밀 같은 곡식으로 막걸리를 만들기 때문에 나무에게도 아주 좋은 영양식이 되거든요.

막걸리를 잘 뿌린 뒤 사람들은 소원을 적은 작은 종이를 한 장씩 들고 나무 주위를 줄지어 빙글빙글 돌지요. 두 손을 모아 소원을 빌면서요. 보석사 은행나무는 특히 대신제 때 사람들이 올리는 기도를 잘 들어주기로 유명하답니다.

한참 나무 주위를 돈 사람들은 소원을 적은 종이를 나무줄기 둘레에 두른 금줄 사이에 꽂아 놓습니다. 이 종이를 소원지라고 하는데, 제를 관리하는 분들이 여러 가지 색깔의 종이로 준비해요. 사람들의 소원이 서로 다르듯이 소원지의 색깔도 여러 가지랍니다. 금줄에 소원지를 꽂고 나면 나무줄기는 울긋불긋 갖가지 색깔로 예뻐집니다. 이즈음 은행나무 앞마당에서는 살풀이 굿이 시작됩니다.

여기에서 놀라운 일이 벌어집니다. 여러분은 작두가 뭔지 아시나요? 작두는 농촌에서 흔히 썼던 도구로, 한약방에서도 종종 볼 수 있어요. 요즘은 다른 좋은 도구들이 많아서 잘 안 쓰이기 때문에 보기가 쉽지 않습니다. 작두는 딱딱하고 자르기 어려운 재료들을 자르는 무척 잘 드는 칼이에요. 농촌에서 소에게 줄 먹이를 준비할 때도 쓰는 요긴한 도구랍니다. 소의 먹이는 짚을 쪄서 만든 여물이거든요. 이 짚을 소가 잘 먹게 하려고 우선 가마솥에 넣어 찌지요. 그 다음에는 소가 편하게 먹을 수 있게 잘게 자른답니다. 그때 짚을 잘게 자르는 도구가 바로 작두입니다. 작두는 한쪽 끝을 지렛대로 쓰고 다른 쪽에는 손잡이를 달아 중간에 자를 재료, 즉 짚이나 한약재를 넣고, 손잡이를 위에서 아래로 꾹 눌러 자르는 긴 칼입니다.

대신제에서 살풀이가 시작되면 먼저 커다란 작두가 무대 위로 나옵니다. 시퍼렇게 선 날이 하늘로 향한 작두 두 개가 나오면 울긋불긋한 옷을 입은 무당이 나섭니다. 무당은 주문을 외우면서 작두 위로 종이를 한 장씩 날려 보냅니다. 작두 날을 스치면서 종이는 사정없이 둘로 갈라집니다. 작두 날이 무척 예리한 걸 보여주는 거예요.

몇 차례 종이를 베어낸 뒤에 무당은 천천히 작두 날 위로 올라갑니다. 버선이나 양말을 신지 않은 맨발로 올라갑니다. 보기만 해도 소름이 오싹 돋는 아슬아슬한 장면입니다. 그게 끝이 아니에요. 작두 위에 오똑 선 무당은 태연하게 노래를 부릅니다. 그리고 모인 사람들의 소원이 무엇이냐며, 일일이 사람들을 손짓으로 부르며 소원을 들어주겠다고 합니다.

무당의 몸짓이 신기해 빙 둘러 모인 사람들은 손뼉도 치고, '얼쑤나' 하며 추임새도 넣습니다. 사람들의 박수 소리에 힘이 난 무당은 순간적으로 한쪽 다리를 높이 들고 외다리로 작두 위에 섭니다. 다시 발을 내려놓았다가 이번에는 작두 위에서 방향을 바꾸며 돌기 시작합니다. 시퍼런 작두 날 위에서 무당의 몸짓이 어찌 그리 자연스러운지 놀랍기만 하지요.

한참을 작두 위에서 춤을 춘 무당은 작두에서 내려옵니다. 무당의 발은 신기하게도 아무렇지도 않습니다. 조금 전에 하얀 종잇장을 예리하게 베어내던 바로 그 작두 날 위에서 덩실거리며 춤을 추었는데, 어떻

게 가벼운 상처 하나 없이 무사한지 도무지 이해하기 어렵습니다. 사람들은 놀라움과 즐거움의 박수를 보내고 무당은 덩달아 신이 나지요. 무당을 바라보는 사람들도 모두 흥에 겹습니다. 사람들이 흥겨우니 천 년을 이 자리에서 살아온 터줏대감 은행나무도 즐겁습니다. 그렇게 단옷날이면 보석사 은행나무는 큰 잔치로 흥겹습니다.

은행나무 대신제는 당산나무에 남아 있는 옛날 제사 형식을 그대로 보여주는 소중한 행사입니다. 다른 곳의 당산제가 서서히 사라져도 보석사 은행나무 대신제만큼은 아주 오래오래 지켜졌으면 하는 마음입니다. 우리가 지키지 않는다면 전통 제사인 굿은 다시 보기 어려울지 모릅니다. 특히 금산 보석사의 은행나무 대신제는 전통 당산제와 많이 닮은 축제이니, 더 관심을 가져야 합니다.

보석사 은행나무는 오랫동안 곁에서 우리를 지켜오면서도 아름다운 모습을 전혀 잃지 않고 우리 앞에 서 있습니다. 이 나무는 나라에 큰일이 있을 때마다 소리 내어 크게 울면서 위험에 대비하라고 알려주기까지 했답니다. 하기야 우리나라의 큰 나무치고 이렇게 나라의 안부를 걱정하지 않은 나무는 없지요. 이 은행나무는 1945년 일본이 우리나라에서 물러갈 때에 우리 스스로 나라를 바로 잡을 준비를 하라는 의미에서 크게 울었고, 1950년 한국전쟁이 터졌을 때는 전쟁에 대비하라고 울었으며, 얼마 전 1992년에도 가뭄이 심해 흉년이 들자 크게 울면서 사람들을 준비시켰다고 합니다. 나무는 그렇게 천 년 동안 우리를 지켜주었습니다. 이제 우리가 나무를 지켜줄 차례입니다. 그것이 바로 우리가 더 풍요롭고 더 아름답게 살기 위해 내딛는 첫걸음입니다.

마을 살림살이의 중심이 된 은행나무

여러분은 옆집에 사는 이웃들과 인사하며 지내나요? 집안 잔치라도 벌이면, 이웃 어른들을 집으로 모셔와 함께 식사할 만큼 친하게 지내나요? 만일 여러분이 대도시에서 산다면 이런 일이 그리 흔하지 않을 겁니다. 심한 경우에는 바로 옆집에 누가 사는지 모르는 사람도 많다고 합니다.

하지만 시골에 사는 사람이라면 이런 상황을 도저히 상상도 할 수 없겠지요. 잔치는 둘째 치고, 비 오는 날 부침개라도 부치면 이웃을 불러서 나눠 먹거나 직접 옆집에 가져다주기도 하지요.

시골 마을에서는 누구네 집에서 좋은 일이 있었는지, 어떤 나쁜 일 때문에 그 집 사람들이 걱정하는지 모르며 지내는 게 오히려 불가능하답니다. 왜 그럴까요? 이유를 알려면 시골 마을의 풍경을 그려보면 돼요.

우선 마을 전체 풍광부터 그려야겠지요. 뒤로는 낮은 동산이 둥글게 이어졌다고 합시다. 무지막지하게 큰 산보다는 아기자기한 낮은 산이어야 더 예쁜 마을이 그려질 듯하네요. 대부분의 마을은 뒤쪽에 낮은 동산이 있고 앞쪽으로는 넓은 논밭이 펼쳐집니다. 이번에는 앞쪽에 논밭을 그리는 거예요. 잘 그렸나요?

산에서부터 앞 들녘으로 졸졸 흐르는 개울이 있으면 더 예쁘겠지만 개울은 있어도 좋고 없어도 괜찮아요. 다음으로 뒷산과 앞들 사이에 집들을 그려 보세요. 너무 크게 그리지는 마세요. 자그마한 집들이 여럿 옹기종기 모여 있는 게 흔히 볼 수 있는 시골 모습이니까요.

밭과 집들 사이로 이어지는 길은 그렸나요? 마을 길도 그리세요. 사람들이 천천히 걸을 수도 있고 가끔은 자동차도 드나들어야 하니까 큰 길도 있어야 하겠고, 마을 안쪽으로는 골목길이 어울리겠지요.

어때요? 여기까지 실제로 그린 그림이나 머리 속으로 그린 그림이 마음에 드나요? 잘 그렸지만 뭔가 허전하다고요? 자, 그러면 이번에는 앞들에서 마을로 이어지는 길목에 나무 한 그루 그려볼까요? 실제로 시골 마을마다 그렇게 들에서 마을로 들어가는 길목에 큰 나무들이 있거든요. 지나치게 크면 안 되겠지만, 되도록 넉넉하고 크게 그려보세요.

나무를 다 그렸으면 나뭇가지 아래쪽에 널따란 평상 하나 그려도 좋아요. 아니면 나무 그늘에 아담한 정자 하나 그려도 좋겠지요.

잘 그렸습니다. 이쯤 되면 우리 시골 풍경을 거의 완벽하게 그린 거라고 봐도 틀리지 않을 거예요. 여러분이 그린 그림은 제가끔 다르겠지만, 우리 시골 마을을 그릴 때 빠뜨리지 말아야 할 부분들은 다 그린 것으로 보아도 됩니다.

이제 슬슬 마을 사람들이 어찌 그리 모두의 사정을 알며 지내는지 이유를 풀어봅시다. 마을 사람들이 자연스럽게 만나는 자리가 있어요. 그곳이 바로 마을 길목에 서 있는 나무 그늘일 거예요. 마을 바깥으로 멀리 나갔다 돌아오는 사람도 이 나무 곁을 지나야 하고, 또 들녘으로 일하러 나갈 때나 일을 마치고 집으로 돌아올 때에도 지나가야만 하겠지요.

특히 일을 마치고 돌아올 때에는 나무 그늘에 잠시 들어서지 않을까요? 온종일 애써 일한 어른들은 나무 그늘에 들어가 하루 종일 뙤약볕에서 흘린 땀을 식히고 싶겠지요. 그렇게 한 사람이 쉬고 있으면 다른 사람도 일을 마치고 자연스레 나무 그늘로 들어오면서 하루 동안 있었던 이야기를 나누는 겁니다. 멀리 장터에 나갔던 사람이 돌아오다가 그늘 안으로 끼어들면 장터에서 있었던 재미있는 일들을 이야기하게 될 겁니다. 학교에 갔다 돌아오는 아이들은 나무 그늘에서 쉬는 아버지나 동네 어른께 잘 다녀왔다는 인사를 할 것이고요.

그뿐일까요? 저녁밥 지어놓고 일터에 나간 남편과 학교에 갔던 아이를 기다리던 어머니는 가족들이 언제 오나 궁금해서 천천히 집 밖으로 나옵니다. 나와서는 마을 어귀의 큰 나무까지 오겠지요. 어느 틈에 나무 그늘에 마을 사람들이 오순도순 모여앉아 이런저런 이야기를 나누게 된 겁니다. 어른 아이가 따로 없고, 이 집 저 집이 따로 없지요. 모두가 한 가족처럼 편한 사이가 되는 겁니다.

자리가 편해서일까요? 아이들도 새로 전학 온 친구 이야기에서부터 선생님께 야단맞은 이야기까지 다 털어놓게 되지요. 어른들도 마찬가지예요. 누구네 집에는 어떤 좋은 일이 있고, 또 누구네 집에는 어떤 나쁜 일이 있는지 하나둘 이야기합니다.

마을 어귀의 큰 나무 그늘은 어느 틈에 마을 사람들의 이야기 터가 됩니다. 허튼 이야기만 나누는 건 아닙니다. 누구네 집에선 며칠 뒤에 큰 잔치가 있으니 함께 가서 축하하고 맛있는 먹을거리도 나눠 먹자는 이야기는 물론이고, 누구네 집 할머니가 갑자기 돌아가셔서 자식들이 힘들어하니, 어떻게 도와주어야 할지 상의하기도 합니다.

그러고 보니, 마을 어귀에 서 있는 나무는 그냥 나무가 아닙니다. 이 나무는 마을 사람들의 모든 살림을 더 풍요롭고 평화롭게 만들어가기 위해 없어서는 안 될 마을의 중심이 된 겁니다.

이 나무가 없었다면 어땠을까요? 땀을 흘리며 집으로 돌아가던 사람들은 그늘조차 없는 길가에 머무를 이유가 없지요. 빨리 집에 가서 시원하게 몸을 씻고, 정성껏 차린 밥을 먹는 게 훨씬 좋겠지요. 누구나 발걸음을 재촉하여 집으로만 가버리니, 마을 사람들이 함께 모여서 이야기를 나누는 일은 쉽지 않았을 거예요.

이처럼 우리 마을에 없어서는 안 될 매우 중요한 나무 중 하나가 지금 우리가 만나는 은행나무예요. 3억 년 전에 이 땅에 자리 잡았고, 천 년을 넘게 살아가는 매우 장한 나무, 바로 은행나무가 사람살이를 이토록 평화롭게 이끌어가는 중심인 게 새삼 고맙습니다.

마을의 평화를 지키는 은행나무

나무가 좋다! **순천 낙안읍성 은행나무**

전라남도 순천에는 낙안읍성이라는
멋진 마을이 옛 모습 그대로 남아 있어요.

마을 구경만으로도 흥겨운 곳이지요. 이 마을 중심에 큰 은행나무가 있습니다.

나무 이야기를 하기 전에 먼저 낙안읍성을 알아보는 게 좋겠네요. 낙안읍성의 '낙안'은 옛날 이 마을 이름이에요. '읍성'이란 말은 처음 듣는 사람도 있겠지요. 하지만 어려워하지 않아도 됩니다. 읍성의 '읍邑'은 고을을 나타내고, '성城'은 높은 담으로 둘러쳐진 곳을 말해요. 그러니까 읍성은 '성벽으로 둘러싸인 마을'로 풀면 되는 거죠.

우리나라는 삼국시대 이전부터 읍성을 지었다는 기록이 있어요. 사람이 모여 살게 되면 대부분 성을 지었던 거죠. 그 많은 읍성이 시간이 지나면서 허물어져서 지금까지 남아 있는 읍성은 그리 많지 않아요. 충청남도 서산의 해미읍성, 전라북도 고창의 고창읍성 등이 남아 있는데, 옛날 모습을 가장 잘 간직한 곳이 바로 전라남도 순천의 낙안읍성입니다.

낙안읍성 안에 옹기종기 모여 있는 집들에는 사람이 살고 있어요. 이 마을을 다스리던 동헌도 있고, 작지만 재미있는 시장도 있지요. 시장 안에는 옛 모습 그대로인 대장간도 있어서 구경하는 재미가 쏠쏠하답니다.

이 성에는 조선 시대에 활약한 임경업 장군이 이 성의 일부를 쌓았다는 이야기와 함께 그분의 업적을 기리는 비석이 설치된 비각도 있어요. 임경업 장군은 한때 낙안 마을의 군수를 지냈는데, 백성을 잘 보살펴서

후대 사람들은 장군을 낙안 마을의 수호신으로 여깁니다.

조금 높은 곳에서 보면 낙안읍성의 전체 모양이 커다란 배처럼 생겼다고 합니다. 읍성 안에서는 모양을 느끼기 어렵지만요. 배처럼 생긴 마을이라 낙안 마을에서는 우물을 파지 않았다고 해요. 우물 파는 걸 마치 배의 밑바닥에 구멍을 뚫는 것처럼 생각해서 불길하다고 생각한 거죠.

배처럼 생긴 읍성 한가운데 매우 높은 돛이 서 있습니다. 바로 천 년 된 아주 큰 은행나무입니다. 나뭇가지는 그리 멀리 펼치지 않았지만, 하늘 위로 솟구쳐 올라서 정말 큰 돛단배의 돛과 같은 모습이랍니다.

이 은행나무의 키는 28미터, 가슴높이 줄기둘레는 10미터쯤으로 매우 큰 나무입니다. 곧게 솟구쳐 오른 줄기의 기상이 정말 큰 바다에서도 부러지지 않을 만큼 튼튼한 돛처럼 보입니다.

낙안읍성의 마을 어른들은 이 나무를 매우 귀하게 여기는데, 얼마만큼 귀하게 여기는가를 알려주는 이야기가 있습니다. 1960년대에 있었던 이야기로, 전설이 아니라 실제 이야기랍니다.

그때는 이 마을뿐 아니라 우리나라 전체가 가난했던 시절이었지요. 낙안마을에 사는 사람들은 더 가난했던 모양입니다. 사람들은 돈을 마련할 수만 있다면 집 안에 있는 물건들을 내다 팔아서라도 끼니를 이어야 할 정도였어요. 이 은행나무가 지금은 시장 마당 한가운데 있지만, 그때는 그곳이 어떤 집의 뒤뜰이었다고 해요. 어느 날, 이 마을을 찾아온 어떤 장사치가 이 나무를 베어 목재로 쓰려고 했던 모양이에요. 한참 어렵게 지내던 집주인은 아쉽지만 어쩔 수 없다 싶어서 큰돈을 받고 나무를 베어 가게 했어요.

장사치는 나무를 베어내려고 나무줄기 아래쪽에서 자라던 가지부터 몇 개를 잘라냈습니다. 그런데 나뭇가지를 베어낸 자리에서 커다란 구렁이 여러 마리가 기어 나오더니, 나무 주위를 둘러싸고 계속 맴돌았습니다. 요즘 식으로 이야기하면 나무를 베어내지 못하게 시위를 벌인 겁니다.

장사치는 깜짝 놀랐어요. 할 수 없이 그날은 더는 나무를 베지 못하고, 돌아갈 수밖에 없었습니다. 그날부터 마을에 이상한 일이 벌어졌어요. 밤마다 마을 사람들의 꿈에 이 나무가 나타난 거예요. 나무가 뿌리째 뽑히면서 뿌리 부분에서 수십 수백 마리의 뱀이 한꺼번에 기어 나와 슬피 울면서 그 자리를 떠나지 않았다는 거예요. 한 사람만 그런 꿈을 꾸는 게 아니라, 이 마을에 사는 많은 사람의 꿈에 연거푸 나타난 겁니다.

참 신기한 일이었지요. 어떤 날은 이른 새벽에 나무줄기에서 어린아이가 앙앙거리며 우는 것처럼 슬피 우는 소리가 하염없이 들렸다고도 해요. 불길한 꿈과 이상한 일이 계속되자, 마을 어른들이 모여서 의논했어요. 어떻게든 나무를 살리자는 거였지요. 한참 의논한 끝에 집집마다 조금씩 돈을 내기로 했어요. 은행나무 집 주인이 장사치에게 받은 돈을 되돌려주고, 나무를 보존하자고 결정한 겁니다. 그때부터 이 나무는 한집안의 나무가 아니라 마을 모두의 신성한 나무로 잘 보호하고, 정성껏 당산제도 올렸습니다.

혹시 내셔널 트러스트라는 말을 들어보았나요? 내셔널 트러스트는 영국에서 시작된 자연보호운동이에요. 귀중한 자연을 보존하기 위해서 시민이 낸 돈을 조금씩 모아서, 시민의 이름으로 그 자연물을 사는 겁니다. 숲이나 해안 등 아름다운 자연물을 그렇게 보존하는 훌륭한 운동입니다. 우리나라에서도 1990년대 들어서 이 운동이 활발히 시작되었는데, 실은 그보다 훨씬 전에 우리 옛 마을에서 마을 사람들 모두의 이름으로 나무를 사서 보존한 일이 있었던 겁니다. 우리 옛 어른들은 자연 보호라면 세계 어느 나라 사람 못지않게 지혜로운 분들이었답니다.

나무 한 그루를 지키기 위해 흔쾌히 조금씩 자신들의 재산을 내놓으며 가난하지만 풍요롭게 살았던 낙안읍성에 가면, 이 은행나무 외에도 크고 오래된 나무들을 여러 그루 만날 수 있습니다.

성벽을 따라 성 안쪽에 은행나무, 팽나무, 느티나무 등이 있는데, 특히 객사 건물 뒤에 서 있는 푸조나무만큼은 꼭 보는 게 좋습니다. 이름은 마치 외국 나무 같지만, 푸조나무는 우리나라의 남쪽 해안 지방에서 많이 자라는 토종 나무예요. 23미터나 되는 키에 멋지게 생긴 나무이지요. 줄기가 밑동에서부터 둘로 나뉘어 비스듬하게 엇갈리며 자란 생김새가 일품입니다.

마을 살림살이를 도맡아 하는 나무

나무가 꼭 시골에서만
마을 살림살이의 중심이 되는 건 아닙니다.

큰 나무를 오래 지켜낼 수만 있다면 도시에서도 충분히 마을의 중심으로 우뚝 설 수 있습니다. 실제로 그런 은행나무가 있어 소개합니다.

인천광역시 남동구 장수동에는 근사한 공원이 있습니다. '인천대공원' 이에요. 인천시와 경기도 부천시의 경계이기도 하고, 서울외곽순환고속국도가 지나는 번잡한 도심의 한 곳이지요. 인천대공원은 놀이기구가 많아서 인기 있는 게 아니라, 자연의 다양한 생태를 온전히 보전하고자 애쓴 공원이어서 더 좋은 곳이에요. 아마도 수도권에 이만큼 아름다운 공원은 흔치 않을 겁니다.

이 공원 동북쪽에 '만의골' 이라는 작은 마을이 있어요. 요즘은 '장수동' 이라고 부르는 곳입니다. 마을 한쪽으로는 멋진 인천대공원이 이어지고, 다른 쪽으로는 등산하기에 좋은 산이 있지요. 또 만의골 주변 길로 드나드는 자동차도 많지 않아서, 마라톤과 같은 달리기 연습을 하는 분들이 많이 찾는 곳입니다.

이 만의골의 중심에 은행나무 한 그루가 있습니다. 무려 800년 동안 자리를 지키고 살아온 큰 나무입니다. 키가 30미터나 되니, 얼마나 큰 나무인지 보지 않아도 짐작할 수 있겠지요? 줄기 아래쪽에서부터 다섯 개의 가지가 고르게 뻗어 나와 활짝 펼친 모습인데, 전체적으로 매우 아름다운 모습이 눈에 띄어요.

힘차게 뻗어 오른 굵은 가지 다섯 개에선 다시 수천의 가느다란 가지들이 나왔는데, 독특하게도 그 많은 가지가 마치 수양버들처럼 땅을 향해 다소곳하게 늘어졌다는 겁니다. 하지만 워낙 덩치가 큰 나무여서,

곱다거나 예쁘다는 느낌은 들지 않아요. 그보다는 마치 전설 속의 매머드 같은 거대한 짐승이 웅크리고 앉아 있는 것처럼 느껴지기도 합니다.

은행나무 뒤쪽으로는 등산로가 이어지고 앞으로는 개천이 흐르니 전형적인 시골 풍경을 떠올릴 수도 있는데, 나무 바로 위쪽이 약간 문제입니다. 나무 위쪽으로 육중한 고가도로가 가로질렀는데, 이게 좀 안 어울려요. 이 고가도로를 지나다니는 자동차들도 무척 많은 편이어서, 소리도 시끄럽고, 눈에 잘 보이지는 않아도 자동차들이 내뿜는 매연이 나무의 건강에도 좋지 않을 듯해서 걱정입니다.

이 은행나무는 인천시 지방기념물 제12호로 지정해서 잘 보호하고 있는 나무입니다. 오래 된 나무이지만, 널리 알려진 건 그리 오래되지 않았어요. 그냥 마을에서만 중요한 나무로 여겨왔을 뿐이지요. 지방기념물로 지정된 것도 불과 10여 년 전인 1992년이었어요. 그 뒤에도 그냥 마을의 나무일 뿐이었는데, 많은 사람이 이 나무를 세상에 알리고 또 인천대공원을 드나드는 사람들이 늘어나면서 세상에 널리 알려졌지요.

'만의골 은행나무'라고도 부르는 장수동 은행나무는 이 마을의 당산나무였어요. 그래서 마을 사람들은 집안에 나쁜 일이 생기거나 마을에 심한 돌림병이 생길 때, 이 은행나무 앞에서 정성껏 제사를 올렸다고 합니다. 또 그렇게 특별한 일이 생기지 않더라도 해마다 음력 7월과 10월에는 마을이 평안하기를 비는 당산제를 올렸습니다.

이 마을에도 도시화 바람이 불어닥치면서 나무에 대한 관심이 차츰 시들해졌어요. 그러다가 나무가 지방기념물이 되고, 찾아오는 사람들도 갈수록 늘어나자 마을 사람들은 다시 이 나무에 관심을 쏟기 시작했어요. 몇 해 전만 해도 장수동 은행나무 근처 마을은 그저 조용하게 살아가는 집들만 옹기종기 모여 있었지요. 그런데, 최근 들어 나무를 찾아오는 사람들이 늘어나자 나무 주위로 식당들도 많이 생겼어요. 나무를 보러 찾아오는 사람들을 대상으로 장사하게 된 거죠.

나무에 많은 사람들이 모여들자 마을 사람들은 예전부터 이어오던 당산제에 더 성의를 보이기 시작했어요. 그래서 요즘도 해마다 음력 7월이면 적당한 날을 정해서 모두가 이 나무 아래 모입니다. '당산제' 라기보다 '은행나무 고사' 인 이 행사는 전통 당산제의 형식을 본떴지만, 요즘 사람들의 살림에 맞는 방식으로 소박하고 간소하게 진행합니다.

굳이 당산제 복장을 갖춰 입지도 않고, 농악을 울리며 제사를 알리는 길굿을 하지도 않습니다. 마을 사람들은 정성껏 지은 떡과 술을 넉넉하게 갖고 와서 잘 차려놓은 뒤에 평소 입은 옷 그대로 나와서, 축문을 읽고 나무에 절을 올리면서 한 해 동안 마을 사람 모두가 잘살고 나무도 평안하기를 기원합니다. 간소한 행사가 끝나면 구경하러 온 모든 사람과 함께 떡과 술을 나눠 먹으며 온종일 잔치를 벌입니다.

사실 시골에서도 당산제와 같은 우리 전통 굿, 잔치, 놀이 등이 차츰 사라지고 있어요. 하지만 우리 옛 풍습과 문화에 대한 애정이 적어서 그런 건 아닙니다. 아마도 시골에 사는 사람이 줄어드는 게 가장 큰 이유겠지요. 시골에 살던 젊은이들이 계속 도시로 나오는 상황이잖아요. 지금 시골에 가면 거의 노인들만 계시거든요. 노인들은 그래도 당산제만큼은 지내야 한다고 하지만 정작 당산제를 치르려면, 제사를 지내는 데에 꼭 필요한 사람의 숫자조차 채울 수 없는 겁니다.

예를 들어 당산제를 시작할 때에는 흥겹게 농악을 하는 길굿이 있어야 하는데, 길굿에는 꽹과리, 북, 장구, 징, 소고 등을 치는 농악대가 필요해요. 그런데 농악대를 구성할 인원수가 모자란 겁니다. 할 수 없이 길굿을 빼고 그냥 제사만 올리기도 합니다. 그렇게 하나둘 제사의 순서를 줄여나가게 되고, 나이 많은 노인들이 한 분 두 분 세상을 뜨고 나면 그나마 드리던 제사조차 하지 않게 되는 겁니다. 참 안타까운 일이에요.

당산제의 전통이 잘 남아 있어야 할 시골에서도 그러한데, 도시야 오죽하겠어요. 그런데 인천 장수동 은행나무에서 도시 사람들에게 맞게 '은행나무 고사'를 올린다는 건 참 반가운 일입니다. 복장을 갖추고 농악을 울리면서 지내는 전통 당산제와는 많이 다르다 하더라도 말입니다. 곰곰 생각해보면 도시 한가운데에서 은행나무 당산제가 계속될 수 있는 것은 훌륭한 나무가 있기 때문입니다.

도시화가 진행되면서 이 나무가 베어졌거나 죽어 없어졌다면, 마을의 평안을 위해 고사를 올리자는 이야기는 나오지도 않았겠지요. 또 일부러 이 나무를 보기 위해 찾아오는 사람도 없었겠지요. 은행나무를 찾아오는 사람들이 늘어나자, 그 사람들에게 먹을 것을 차려내 생계를 이어가는 식당이 생겼고, 나무를 찾아온 사람들은 그곳에서 간단히 요기

하면서 식당의 장사를 도와주게 됐어요. 결국 은행나무 한 그루가 마을 사람들의 살림살이를 풍요롭게 만들어가는 중심이 된 겁니다. 마을 사람들이 이 나무에 감사의 마음을 표시하지 않을 수 없게 된 거죠. 인천 장수동 은행나무 당산제는 나무 한 그루가 마을 살림살이의 중심인 것을 잘 보여줍니다.

그런데 은행나무를 중심으로 한 마을 살림살이에 주의해야 할 점이 있습니다. 나무 주변에 식당이 여럿 생기다 보니, 음식 찌꺼기들이 바로 앞의 개천으로 흘러들어 가기도 하고, 주변에 퍼지는 고기 굽는 냄새로 불쾌할 수도 있어요. 물론 은행나무에 감사의 제사를 올릴 정도로 마을 사람들의 살림살이가 좋아져 점점 더 많은 식당이 생길 수도 있겠지만 이럴 때일수록 나무의 건강을 잘 지켜야 해요. 만일 은행나무 앞으로 흐르는 개천물이 썩거나, 주변이 악취로 가득하다면 나무는 한순간에 건강을 잃고 죽을 수도 있거든요. 그뿐이 아니에요. 썩어가는 개천과 악취가 진동하는 곳이라면 아무리 좋은 나무가 있다 하더라도 사람들이 그 나무를 보러 가겠어요? 그렇게 되면 식당들도 장사할 수 없게 될 겁니다.

나무는 나무를 아끼고 보호하는 사람들을 위해서라면 아름다운 풍경은 물론이고 시원한 그늘을 주고 심지어 마을 사람들이 잘 살 수 있게 도와주지만, 그 반대의 경우에는 아주 매몰차게 사람들로부터 돌아선답니다. 풍경은 더러워질 것이고 나무는 시들시들 죽어가면서 그늘도 풍성하지 않게 됩니다. 주변에서 식당을 한다는 건 꿈도 꾸지 못할 일이 되고 말겠지요. 나무는 온몸을 다 풀어서 사람에게 아낌없이 모든 것을 내어주지만, 나무가 주는 고마운 혜택은 받을 자격을 갖춘 사람에게만 주어진다는 걸 잊어서는 안 됩니다.

사람이름을 가진 나무

주위를 돌아보면 우리 조상이 자연과 더불어 살기 위해 애쓴 증거를 여러 곳에서 찾을 수 있어요. 괜히 하는 이야기가 아니에요. 앞의 32쪽에서도 보았듯이, 단 한 그루의 은행나무를 살리기 위해 4년 동안 요즘 돈으로 따져서 200억 원을 들이기까지 할 정도이니 더 할 말이 뭐 있겠어요. 세계에서도 유례가 없을 만큼 귀한 일인 것을 보면 우리 조상의 나무 사랑은 세계 수준이라고 이야기해도 틀리지 않습니다.

그뿐만이 아니에요. 은행나무는 아니지만, 사람처럼 벼슬을 한 나무가 있는가 하면, 해마다 꼬박꼬박 세금을 내며 사는 나무도 있어요. 그 나무들은 우리 민족이 좋아하는 소나무여서, 이 책과 함께 보면 좋을 책인 『우리가 지켜야 할 우리 나무 소나무』에 자세히 소개했습니다. 소나무 외에도 '황목근'이라는 경상북도 예천의 팽나무 한 그루도 재산을 가지고 세금을 꼬박꼬박 내면서 살아가지요. 이게 다 어떻게든 나무를 잘 보호하려는 우리 조상의 생각에서 비롯된 겁니다. 나무를 마치 자식처럼 여기거나 사람처럼 귀하게 여긴 증거지요.

산과 바다의 품에 들어서 풍요로운 자연의 혜택을 누리며 살아온 우리 민족이 자연을 아끼며 살아온 건 지극히 당연한 일입니다. 나무가 당장 눈앞에 보이는 이익을 가져다주는 건 아닙니다. 그러나 나무는 우리가 얼마나 풍요롭게 살 수 있는지를 알려주는 표준입니다. 나무에서 꽃이 예쁘게 잘 피어나고 무럭무럭 잘 자란다면, 풍년이 들어서 모두가 넉넉하게 살 수 있다는 믿음이 있었던 겁니다.

실제로 농촌에는 나무에 꽃이 예쁘게 잘 피어나면 그 해 농사는 풍년이 될 것이고, 꽃이 잘 안 피거나 잎사귀가 제대로 돋아나지 않으면 한 해 농사를 망친다는 믿음이 있답니다.

근거 없는 생각이라고 무시할 수도 있지만, 잘 살펴보면 과학적인 근거가 충분한 이야기예요. 이를테면 나무가 무럭무럭 잘 자

라고 꽃도 예쁘게 잘 피어난다면, 나무가 잘 자랄 수 있을 만큼 기후가 좋다는 이야기입니다. 그렇게 나무가 잘 자랄 수 있는 좋은 기후라면, 논밭의 곡식과 채소들에게도 좋은 기후입니다. 자연스레 농사는 잘될 것이고 농사가 잘돼 먹을거리가 풍부하면 농사로 먹고사는 농촌의 살림살이는 풍요로워질 겁니다. 다시 말하면, 나무가 잘살 수 있는 곳은 농사도 잘될 것이고, 농사가 잘 되는 곳에서는 사람도 잘살 수 있다는 이야기입니다.

농촌 사람들이 사철 내내 나무를 바라보고, 나무에 풍년을 기원하는 제사를 올리는 것이 모두 그런 믿음에서 흘러나온 자연스러운 행위였습니다. 우리 살림살이와 함께한 나무를 사람들은 마치 조상 모시듯 하기도 했고, 어떤 때는 가까운 이웃으로 여겼으며, 또 어떤 때는 자식처럼 생각했습니다. 사람도 곧 자연의 하나에 불과하다는 믿음이 나무와 사람을 인간적인 관계로 연결한 겁니다.

나무를 바라보면 생각나는 사람이 있나요? 나무의 생김새나 분위기를 닮은 사람이 있진 않은가요? 그럴 때 우리 조상은 머뭇거리지 않고 나무에 이야기들을 담아냈고, 곧바로 나무에 사람 이름을 붙여서 사람처럼 보호하고자 했어요.

옛날이 아니라, 지금도 그렇게 나무를 보호하는 지방이 있어요. 대표적인 곳이 바로 영남의 대구광역시입니다. 한번 볼까요? 대구시를 대표하는 절집 가운데 동화사라는 절이 있어요. 이 절을 처음 지은 분은 심지대사예요. 이 절에 가면 오동나무를 '심지대사 오동나무' 라고 부르고, 동화사를 크게 발전시킨 인악대사를 기억하기 위해 절 입구의 커다란 느티나무를 '인악대사 느티나무' 라고 불러요.

그뿐만 아니라, 이 지역 출신의 선비인 김굉필 선생님을 기념하기 위해 지은 도동서원에는 '김굉필 나무' 라는 이름의 커다란 은행나무도 있고, 음악가 현제명 선생님을 기억하기 위해 그분이 자주 찾았던 나무에는 '현제명 나무' 라는 이름을 붙였지요. 그 밖에도 대구시에서는 오래된 큰 나무에 이처럼 관련 있는 훌륭한 분들의 이름을 붙여서 보호하고 있답니다.

옛날부터 현대에 이르기까지 우리 민족은 이처럼 나무를 사람처럼 여기는 일에 매우 익숙하답니다. 그건 사람만큼 귀중하게 나무를 보호하자는 조상의 슬기가 지금까지 이어져 오고 있다는 이야기입니다.

자, 이제 여러분도 나무 한 그루를 심으러 갈 차례입니다. 여러분이 심은 나무가 잘 자란다면, 여러분이 커서 훌륭한 일을 하고, 그 뒤로도 세월이 많이 흘러 세상을 떠난다 하더라도 사람들은 심은 나무에 여러분의 이름을 붙여서 그 나무와 함께 오래오래 기억하게 될 겁니다.

나무 심은 사람을 닮은 은행나무

오래된 은행나무를
사람처럼 여기며 지켜온 마을로 가보아요.

우선 전라남도 화순군 이양면 쌍봉리라는 아름다운 마을로 갑시다. 이 마을에는 쌍봉사라는 예쁜 절이 있는데, 이 절에도 아주 좋은 나무들이 있으니 이번 여행은 풍성한 여행이 될 거예요.

쌍봉사 근처에는 학포당이라는 조그마한 옛 집이 있어요. 방 한 칸의 기와 건물인 학포당은 조선시대 때 이 마을에서 살던 양팽손 어른이 글공부하던 글방입니다. 요즘 말로 하면 서재인 셈이지요. 우리가 만날 은행나무가 학포당 안마당 귀퉁이의 담벼락에 붙어 있습니다.

이 예쁘장한 글방의 주인인 양팽손 선생과 친했던 선비 중에 조광조 선생이 있었습니다. 조선 중종 때 젊은 나이로 높은 벼슬에 오른 조광조 선생은 나라의 기틀을 바로 잡기 위해 비교적 과격한 개혁 정치를 주장했지만, 반대하는 사람들에게 모함을 받고 벼슬을 빼앗겼을 뿐 아니라, 사약을 받고 죽게 됩니다. 이 사건이 유명한 '기묘사화' 예요.

그때 조광조 선생은 나라에서 가장 위험하게 여기는 인물이었어요. 그래서 그와 친하게 지낸 사람들까지도 감옥에 가거나 사형을 받는 등 나라 전체에 피바람이 불었지요. 용감했던 선비들조차도 자신이 조광조 선생과 친하게 지냈다는 사실을 감추어야 했던 시절이어서 사약을 먹고 죽은 선생의 시신은 누구도 거들떠볼 수 없었지요. 그때 의리를 잊지 않은 사람이 나타나 비밀리에 조광조 선생의 시신을 거두어 몰래 감추었답니다. 그 의리의 사나이가 양팽손 선생이었습니다.

이미 양팽손 선생도 모든 벼슬을 빼앗긴 상태였어요. 조광조와 어린 시절부터 동무였던 선생은 권력을 가진 정치가들 사이에서 벌어지는 모략과 싸움질이 싫어서 다시는 벼슬길에 나서지 않겠다고 작정하고,

고향인 이곳 화순 쌍봉리에 돌아와 서재를 지었습니다.

벼슬을 빼앗기고, 친하게 지내던 벗은 임금의 사약을 받고 죽어야 했던 참혹한 상황에서 홀로 고향 집에 서재를 지은 선생의 마음은 어떠했을까요? 더없이 참담하고 슬펐겠지요. 그 마음을 달래며 선생은 서재 안마당 한 편에 은행나무 한 그루를 심었어요. 그때부터 다른 곳에 가지 않고 서재 안에서 글공부와 그림 그리기에 열중했어요. 또 짬나는 대로 마을의 젊은이들을 불러 모아 글공부를 시키며 살다가 이곳에서 돌아가셨지요.

의리의 사나이 양팽손 선생의 서재는 앙증맞을 만큼 작고 소박하지만, 학포당 마당 한 편에 서 있는 은행나무는 화려하게 높이 자랐습니다. 주변을 지나다 보면 학포당보다 먼저 은행나무가 보입니다. 현재의 학포당 건물은 원래 양팽손 선생이 지었던 그대로가 아니라 다시 지은 겁니다. 한때 학포당은 완전히 무너져 내려 흔적도 없이 사라질 뻔했답니다. 그런데, 마을 사람들과 양팽손 선생의 가르침을 받은 후손들이 선생을 기억하기 위해 다시 지은 거지요.

새로 지은 집이지만, 마치 양팽손 선생이 처음 집을 지었을 때의 모습인 것처럼 예스러운 분위기를 갖추고 있습니다. 기와집과 돌담 때문만은 아닙니다. 기와집이라고 다 옛집처럼 보이는 건 아니거든요. 아마도 안마당에서 오랜 세월을 살아낸 늙수그레한 은행나무 한 그루가 이 작은 서재의 역사를 지켜주기 때문일 겁니다.

선생이 손수 심은 은행나무는 선생의 꼿꼿한 기개처럼 하늘을 찌를 듯한 기세로 솟구쳐 올랐습니다. 가까이 다가가 살펴보면, 선생의 한 많은 삶이 떠올라서 조금 우울해 보입니다. 멀리서 볼 때에는 꼿꼿하고 힘차 보였지만, 자세히 들여다보니 나무줄기 곳곳에 상처가 생겨 수술로 메워준 흔적이 여럿 있지요. 전체적으로 살아 있기에 힘에 부치는 듯 몹시 피로해 보이는 나무입니다.

나무 가운데에 가장 뜸직하게 섰어야 할 줄기는 이미 오래전에 썩어 문드러졌습니다. 하늘로 솟구쳐 오른 것은 줄기 대신 줄기 곁에서 새로 자란 맹아들입니다. 맹아가 잘 자라는 것은 은행나무의 특징이라는 건 이제 여러분도 잘 아는 이야기일 겁니다. 바로 이 나무가 그렇습니다. 하나둘 솟아난 맹아들은 긴 세월을 살며 마치 처음부터 있었던 줄기처럼 굵게 자라나 큰 둥치를 이뤘습니다. 굵은 맹아들을 헤아려보면 모두 여덟 개입니다.

나무를 바라보며 늘 양팽손 선생을 기억했던 마을 사람들은 이 은행나무에서 자라난 여덟 개의 맹아를 보고 선생의 자식들을 떠올렸어요. 마침 선생에게는 여덟 아들이 있었거든요. 선생이 죽고 난 뒤에도 선생의 대를 이어 여덟 아들이 가문을 이어간 것처럼, 선생의 은행나무도 줄기가 죽으니 그 곁에서 새로 자라난 맹아 여덟 개가 선생의 생명을 이어간 것이라고 본 거죠.

마을 사람들이 이 은행나무를 양팽손 선생과 같은 생명체로 받아들이고 있다는 이야기와 다름없습니다. 심지어 중심 줄기가 꺾이고 썩어 없어진 것까지 마을 사람들은 양팽손 선생의 삶에 비유했습니다. 즉 큰 벼슬을 해서 자신의 이상을 실현하려다가 뜻이 꺾이고 만 채 조용히 이곳에 머물다 고향 산천에 묻힌 양팽손의 삶과 똑같다는 것입니다.

엄마의 슬픈 마음을 간직한 엄마 나무

나무가 좋다! **거창 연수사 은행나무**

조금 슬픈 이야기를 담은
나무를 찾아가 볼게요.

경상남도 거창 남상면 무촌리에는 감악산이라는 나지막한 산이 있는데, 그 산자락에 자리 잡은 예쁜 절, 연수사에 서 있는 은행나무를 만나 볼 차례입니다.

연수사가 처음 지어진 것은 신라 헌안왕 때인 860년 즈음입니다. 그때 임금은 이름 모를 병으로 한참 고생했습니다. 누구는 중풍이었다고도 하지만, 당시의 의학 지식으로는 정확한 병명을 알기 어려웠지요. 그러던 어느 날, 임금의 꿈에 부처님이 나타나서 병을 낫게 할 약수가 있는 곳을 알려주었습니다. 잠에서 깬 헌안왕은 약수를 찾아갔어요. 그곳에서는 커다란 바위틈에서 맑은 약수가 흘러나오고 있었습니다. 임금은 그 약수를 마시고 나서 불과 보름 만에 병을 깨끗이 고칠 수 있었다고 합니다.

헌안왕은 부처님에 대한 고마움의 표시로 약수가 나오는 자리에 절을 짓고, 절 이름을 연수사演水寺라 했습니다. 건강을 되찾은 왕은 연수사를 자주 찾으며 부처님의 도움에 감사했고, 연수사 바위틈에서 나오는 약수의 신비로운 효능을 널리 알렸다고 합니다.

연수사 입구에는 너른 마당이 있고, 절집으로 이어지는 가파른 비탈길에 일주문이 있어요. 그 일주문과 함께 가장 먼저 눈에 들어오는 나무가 있습니다. 지금 우리가 찾아가는 은행나무입니다. 법당을 비롯한 연수사의 건물 대부분이 가파른 비탈 위쪽에 있어서, 일주문 앞에서는 법당 지붕만 빼꼼히 보이기 때문에, 나무는 더 훤칠해 보입니다.

굉장히 커 보이는 나무입니다. 키 38미터, 가슴높이 줄기둘레는 7미터의 큰 나무입니다. 나이도 600살이 넘었다고 합니다. 건강하게 잘 자란 이 나무는 가지도 넓게 펼쳐서, 동서남북 사방으로 고르게 20미터를 넘겼습니다. 경상남도 기념물 제124호로 보호하는 나무이지요.

일주문 안으로 들어서면 곧바로 계단이 이어지는데, 은행나무는 계단 왼편 언덕 참에 있습니다. 크게 자란 나무가 생김새도 무척 멋집니다. 중심 줄기는 힘있게 우뚝 하늘로 솟아올랐는데, 가지는 적당한 자리마다 자라나와 옆으로 넓게 퍼졌어요. 가지들이 고르게 퍼진 까닭에 전체적으로는 우아한 모습을 갖췄습니다. 600년을 살면서도 별다른 상처도 없이 건강한 상태여서 아주 장하게 느껴지는 나무입니다.

이 잘생긴 나무는 신라시대의 고승 원효대사가 이곳을 지나다 심은 나무라고도 하지만, 이는 그다지 신빙성이 없는 이야기입니다. 원효대

사가 심었다면 1300살은 넘어야 할 텐데, 나무의 나이가 그만큼 되지는 않습니다. 더욱 믿을 만한 전설이 하나 더 있습니다.

600년 전쯤인 고려시대 때의 이야기입니다. 고려 왕족과 혼인한 한 여인이 이 마을에 살고 있었습니다. 그 무렵 고려가 멸망하고 조선이 들어섰지요. 여인은 멸망한 나라의 왕족 출신이니 앞으로 살길이 고생투성이임이 틀림없었습니다. 그 사실을 잘 알고 있던 여인은 열 살짜리 아들과 함께 이곳 감악산 연수사를 찾아왔어요. 여인은 연수사에서 스님이 되기로 마음먹었습니다. 아들과는 할 수 없이 생이별해야 했습니다.

이별을 앞둔 어머니와 아들은 나무를 심기로 했어요. 어린 아들은 절집 앞마당에 전나무 한 그루를, 비구니 스님이 되기로 한 어머니는 은행나무를 심었습니다. 아들이 심은 전나무는 세월이 흘러 부러져 죽었는데, 어머니가 심은 은행나무는 잘 살아남았습니다. 그 나무가 바로 일주문 안의 이 은행나무입니다.

은행나무는 그 자리에서 잘 자랐는데, 어린 아들의 안부를 그리워하는 어머니의 애틋한 모정을 드러내듯 가끔 매우 슬프게 울었다고 합니다. 나무의 울음은 이웃 마을까지 퍼졌고, 울음에 어떤 뜻이 담겨 있는지 잘 아는 마을 사람들도 나무와 함께 슬퍼했다고 합니다.

그런 이야기가 오래도록 마을 사람들의 입에서 입으로 전해지면서, 은행나무는 '비구니스님 나무' 나 '엄마 나무' 라고 불렀습니다. 이름이 알려지지 않은 한 어머니의 애틋한 마음이 나무에 그대로 스며 있는 겁니다. 사람들은 이 나무를 볼 때마다 부모와 자식 간의 애틋한 애정을 생각하게 됐고, 나무 앞에서 가족의 평안을 기원한답니다. 나무 한 그루가 무엇보다 소중한 가족의 평안을 떠올리게 하는 것입니다.

『하멜 표류기』에 나오는 은행나무

분명히 우리나라에서 오래 살아온 은행나무인데,
독특하게도 낯선 외국 사람의 이름이 붙은 나무가
한 그루 있습니다.

전라남도 강진 병영면 성동리에 있으며, 천연기념물 제385호인 800살 된 은행나무입니다. 나무에 붙은 외국 사람의 이름은 '하멜' 입니다.

하멜Hamel이라는 외국인을 아시나요? 하멜은 17세기에 활동했던 네덜란드 출신의 선원이에요. 하멜은 세계 곳곳을 여행했는데, 우리나라에도 온 적이 있어요. 그게 1653년 여름이었어요. 예순 명이 넘는 선원들과 함께 배를 타고 여행하던 하멜은 제주도 부근을 지나다가 큰 폭풍을 만나서 배가 부서져 제주도 앞바다에 들어왔답니다. 낯선 외국인이 나타나자, 당시 제주도에서는 하멜 일행을 의심하며 가두었다가 서울로 보냈습니다. 서울에서 몇 년을 지낸 뒤 하멜 일행은 1657년에 강진으로 와서 힘든 강제 노동을 하며 지냈어요. 그렇게 강진에서 10년쯤 힘들게 살다가 1666년에 탈출해서 고향인 네덜란드로 돌아갔습니다.

하멜이 우리에게 중요한 것은 『하멜 표류기』라는 책 때문입니다. 네덜란드에 무사히 돌아간 하멜은 13년 동안 한국에서 살았던 경험을 그대로 써서 펴냈어요. 그 책이 바로 우리나라를 서양에 소개한 최초의 책 『하멜 표류기』입니다.

그 특별한 책 『하멜 표류기』에는 10년 동안 살았던 강진 이야기가 적잖이 나오는데, 커다란 은행나무도 등장합니다. 죄 없이 붙잡혀 힘든 일을 하면서 지내야 했던 하멜은 고향이 참 그리웠을 겁니다. 고향이 그리워지면 하멜은 커다란 은행나무 그늘에 걸터앉아서 하늘을 바라보았다고 적었어요.

그러고 보면 우리나라의 많은 나무 중에 서양에 처음 소개된 나무가 바로 이 은행나무이겠네요. 하멜이 살았던 때에도 무척 컸다니, 나이가 800살 정도 된 것으로 봅니다. 이 은행나무는 키가 30미터이고, 가슴높이 줄기둘레는 7미터쯤 됩니다.

나무는 마을 한가운데 있어서 국도 변에서 마을 안쪽으로 낸 비좁은 골목 안으로 들어가야 만날 수 있습니다. 나무가 있는 자리는 널찍하게 보호 구역을 만들어서 잘 보호하고 있지요. 나무 앞에는 교회와 어린이 놀이터가 있어서, 아이들이 나무 근처를 맴돌며 늘 흥겹게 노는 마을의 중심 자리입니다.

나무의 뿌리 부근에는 평평하고 넓은 너럭바위 하나가 놓여 있는데, 이 바위는 오래전부터 그 자리에 있었던 듯합니다. 하멜은 이 평평한 바위 위에 걸터앉아 타향 땅의 낯선 바람으로 땀을 식히며 고향을 그리워했을 겁니다. 고향이 그리울 때 기댈 수 있었던 이 큰 나무가 인상적

이었기 때문에 여행 기록에도 이 나무 이야기를 썼을 겁니다.

하멜의 추억이 담긴 이 나무를 마을 사람들이나, 나무의 내력을 아는 사람들은 '하멜 은행나무' 라고 부릅니다. 그런데 이 별명을 얻기 전부터 이 은행나무는 마을에서 신성하게 여기는 나무였다고 합니다. 옛날 어느 여름철에는 이런 일도 있었다고 합니다.

마을에 무서운 폭풍이 휘몰아쳤어요. 그때 은행나무 가지들이 많이 부러졌답니다. 그때 이 마을을 다스리던 절도사가 부러진 나뭇가지를 주워서 목침을 만들었답니다.

목침은 나무로 만든 베개입니다. 그런데 은행나무 목침을 만들어 베고 자던 절도사는 그날부터 원인을 알 수 없는 병으로 시름시름 앓게 되었습니다. 아무렇게나 약을 쓸 수 없어 훌륭하다고 소문난 의사들을 불러 이러저러한 약을 써봤지만, 절도사의 병은 낫지 않았어요. 절도사는 용한 무당을 불러 굿을 하면서 병이 낫게 해달라고 빌었지요. 그러자 무당은 은행나무 베개를 베고 자서 생긴 병이니, 은행나무에 용서를 빌라고 했어요.

무당의 처방을 받은 절도사는 베고 자던 목침을 은행나무 앞에 잘 가져다 놓고 제사를 올렸어요. 그러자 병은 씻은 듯이 나았습니다. 그 뒤로 마을 사람들은 이 나무를 신성한 나무라고 믿으면서 해마다 음력 2월 15일에 마을 사람들의 건강을 기원하는 제사를 지냈다고 합니다.

이처럼 이 은행나무에는 많은 사람의 추억이 아로새겨져 있습니다. 절도사의 아픔에서부터 이 나무를 서양에 소개한 하멜의 슬픈 추억에 이르기까지 나무는 말없이 사람들의 이야기를 들려줍니다.

우리 은행나무 지키기

3부

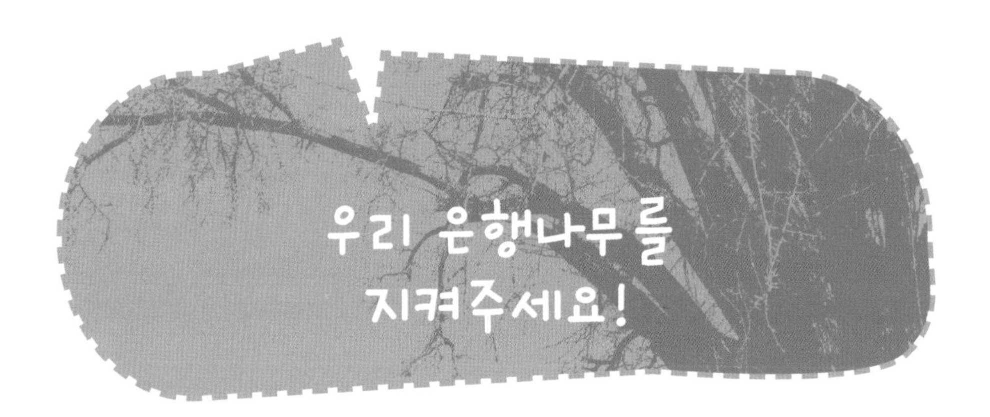

이제 은행나무 이야기를 마무리할 때입니다. 은행나무가 얼마나 오래전부터 우리 땅에 자리 잡고 살았으며, 우리에게 얼마나 많은 것을 주었는지 잘 알았을 겁니다. 끝으로 우리가 왜 은행나무를 지켜야 하는지를 살펴보면서 은행나무 여행을 마치기로 합시다.

은행나무는 생명력이 강한 나무입니다. 앞에서 보았듯이 원자폭탄도 이겨낼 만큼 강한 나무이고, 빙하기를 겪으면서도 살아남은 대단한 나무입니다. 만일 그만큼 강인한 생명력을 가진 은행나무가 살아남기 힘든 세상이라면 아마 짐승은 물론이고, 사람도 살기 어려운 세상이 될 것은 불 보듯 뻔한 일입니다.

그렇다고 해서 강한 생명력을 가진 나무이니, 돌보아주지 않아도 잘 살겠지 하고 안심해서는 안 됩니다. 물론 사람이 가까이하지 않고 나무들끼리만 살게 내버려둔다면 큰 문제 없이 잘 살아가겠지요. 하지만 은행나무는 바로 우리 곁에서 우리 삶을 더 아름답고 풍요롭게 하면서 우리와 더불어 살잖아요. 농촌 마을은 물론이고 도시에서도 마찬가지입니다.

한번 우리 주변을 돌아보자고요. 옛날에는 공자의 뜻을 받들어서 그의 가르침을 배우거나 유교의 훌륭한 인물과 관계된 곳에 은행나무를 많이 심었지만, 지금은 지역을 가리지 않고 많이 심는 나무가 은행나무입니다. 도시의 가로수로도 은행나무를 자주 볼 수 있게 됐잖아요.

빙하기나 원자폭탄까지도 이겨낸 나무이지만, 우리의 도시에서는 제대로 살지 못하고 죽어가는 은행나무가 혹시 없는지 주의 깊게 살펴보아야 합니다. 자동차 매연으로 나무가 힘들어하는 것 말고도 도시에서 은행나무에게 위협이 되는 경우는 무척 많습니다.

예를 들면, 가로수로 심어진 나무들은 교통 표지판이나 신호등, 혹은 상점의 간판을 가린다는 이유로 사정없이 가지를 쳐냅니다. 해마다 그렇게 팔이 잘려나가니, 나무들이 얼마나 아프겠어요.

그뿐만 아니라 소금기도 문제입니다. 나무들이 살아가는 데에 가장 나쁜 것 가운데 하나가 소금기입니다. 그런데 나무 앞에 식당이 있다면, 음식물 쓰레기봉투를 나무줄기 곁에 모아두는 걸 흔히 볼 수 있어요. 그 봉투에서는 소금기가 조금씩 흘러나와 땅속으로 스며듭니다. 그 소금기를 견딜 수 있는 나무는 없어요. 아무리 빙하기를 겪어온 은행나무라도 어림없습니다. 차츰차츰 죽어 가는 수밖에 없습니다.

정말 은행나무가 견디지 못하고 죽어야 하는 세상은 상상하기 힘들 만큼 끔찍합니다. 지금 우리 곁에서 자라는 은행나무들을 돌아보고 잘 지켜야 하는 이유가 여기에 있습니다. 우리가 무심결에 나무에게 하는 일들이 어쩌면 빙하기나 원자폭탄보다 더 위험한 결과를 만들어낼 수도 있다는 이야기이거든요.

또 은행나무는 스스로 자라는 나무가 아니라, 사람이 잘 심고 키워줘야 뿌리를 내리고 자란다고 했잖아요. 결국 은행나무는 사람의 마을에서 사람과 함께 살아가야 하는 나무입니다. 그 은행나무를 잘 지켜내는 건 곧 우리가 사는 환경을 더 아름답게 하는 일일 뿐 아니라, 우리가 살아가는 최소한의 조건을 지키는 것과 다르지 않다는 이야기예요.

은행나무가 살지 못한다면 도시의 가을은 어떤 색일까요? 노란빛으로 물든 가을 도시의 풍경을 다시는 못 보게 될지도 모릅니다. 그런 삭막한 풍경에 부닥치지 않으려면 이제라도 우리 주변에 있는 모든 나무를 사랑하는 마음으로 바라보아야 합니다. 그 가운데 가을이면 노랗게 물드는 은행나무는 가장 먼저 돌보아야 하는 나무임이 틀림없습니다.

은행나무가 우리 곁에서 활짝 웃으며 씩씩하고 건강하게 자라게 하는 건 우리가 더 건강하고 풍요롭게 살 수 있는 환경을 만드는 일임을 절대로 잊지 말아야 합니다.

죽었다가 다시 살아난 나무

나무가 좋다! **오산 궐리사 은행나무**

죽었다 다시 살아난 은행나무가 있습니다.
전설이 아니라 실제 이야기예요.

우리가 환경을 잘 지켜내기만 한다면, 나무 가운데 생명력이 가장 질긴 은행나무는 언제든 다시 살아날 겁니다. 자, 긴 은행나무 여행은 이처럼 신비로운 생명력을 자랑하는 은행나무를 만나 보는 것으로 마무리하지요.

신비로운 나무를 만나기 위해서는 수도권에서 멀지 않은 경기도 오산으로 가야 합니다. 오산에는 궐리사라는 옛 건물이 있습니다. 궐리사라고 하니 절집이 아닌가 생각하기 쉬운데, 궐리사는 절이 아닙니다. 한자로 궐리사闕里祀라고 쓰는데, 사祀 자가 절을 뜻하는 사寺 자와 달라요. 궐리사의 사祀는 제사를 지낸다는 뜻입니다. 궐리사는 제사를 지내기 위한 곳이랍니다.

궐리사는 특별히 중국의 공자를 기리며 제사 지내는 곳이에요. '궐리'는 바로 공자가 태어나고 자란 중국의 마을 이름이지요. 우리나라에는 궐리사라는 이름을 가진 사당이 경기도 오산 외에도 충청남도 논산에도 있습니다.

경기도 오산은 번잡한 도시여서 궐리사를 찾아가는 길도 복잡한 편이에요. 오산시 법원 근처의 언덕진 곳에 기와 담장과 솟을대문이 화려하게 자리 잡은 궐리사를 찾으면, 그보다 더 높이 치솟아 오른 은행나무도 함께 발견하게 됩니다. 공자를 모신 곳에 오래된 은행나무가 있다는 건 지극히 자연스러운 일이지요.

궐리사는 공원처럼 언제나 문을 열어두어서 편하게 둘러볼 수 있어요. 솟을대문 안으로 들어서면 곧바로 우람한 은행나무를 만나는데, 나무 그늘 아래에는 늘 마을 노인들이 나와서 쉬고 있어요. 그곳엔 '양현재' 라는 새로 지은 건물도 있지요.

양현재에서는 마을 어른들이 아이들이나 젊은 주부들을 대상으로 다도, 서예, 예절 교육 등을 합니다. 또 해마다 궐리사의 이름으로 착한 일을 한 어린이에게 상을 주는가 하면, 이름난 효자를 찾아 효자상을 주고, 효성 깊은 며느리에게는 효부상을 주기도 한답니다.

오산 궐리사는 이 마을에 살았던 공자의 64대 후손인 공서린 선생이 500년 전에 지은 서당입니다. 서울에서 벼슬을 하다가 고향인 이곳에 돌아온 선생은 자신이 갈고닦은 학문의 가르침을 계속 이어가기 위해 서당을 짓고, 어린이에서부터 젊은이까지 한창 공부해야 할 제자들을 모았지요.

그때 선생은 서재를 짓고, 잘 자란 은행나무 한 그루를 골라 서재 앞에 옮겨 심었어요. 선생은 이 은행나무의 굵은 가지에 북을 매달고, 학생을 불러 모을 때마다 두드렸다고 합니다. 선생은 열심히 제자들을 길러 냈으나, 아쉽게도 서당을 지은 지 20년도 채 안 돼 돌아가셨어요. 그러자 주인 없는 서당은 폐가로 변했고, 주인이 돌아가신 걸 슬퍼했던 것인지 선생이 심고 가꾸던 은행나무도 말라죽었어요.

그 뒤로 오랫동안 오산 궐리사는 폐허 상태로 긴 세월을 보냈습니다. 그런데 공서린 선생이 돌아가시고 200년쯤 지난 뒤인 1792년의 어느 봄, 놀라운 일이 벌어졌습니다.

이미 죽어서 흔적도 없이 사라진 은행나무가 서 있던 자리에서 홀연히 새로운 은행나무 한 그루가 싹을 틔웠어요. 은행나무는 싱그럽게 무럭무럭 자라났어요. 마을 사람들은 200년 전에 죽은 나무가 다시 살아났다며 신기해했고, 이같이 놀라운 일은 마을에 큰 경사가 있을 징조라고 믿었어요.

마을 사람들의 예상은 틀리지 않았어요. 그 해 시월, 당시 임금이던 정조 임금이 궐리사 주변 마을을 지나게 됐습니다. 그때 이 신통한 은행나무 이야기를 듣고 몸소 은행나무를 찾아보게 됐어요. 그러면서 은행나무가 서 있는 바로 그 자리가 공자를 기념하기 위해 공서린 선생이 지은 서당이 있던 자리라는 것도 알게 됐지요.

정조는 공자의 후손이 직접 지은 유서 깊은 건물임을 기념하기 위해, 이곳에 공자에게 제사를 올릴 수 있는 사당을 지으라고 명을 내렸어요. 그리고 아예 이 마을 이름을 공자의 고향과 같은 이름인 궐리로 고쳐 부르게 했어요. 또 정조는 새로 지은 공자의 사당에 '궐리사' 라는 이름을 붙인 뒤, 손수 '화성궐리사華城闕里祀' 라는 사액을 내렸어요. 사액이란 임금이 직접 현판의 이름을 지어주는 것으로, 마을 사람들에게는 매우 자랑스러운 일이지요. 이 지역 이름이 그때에는 화성이었기 때문에 화성궐리사라고 한 겁니다.

주인을 따라 스스로 생명의 끈을 놓았던 은행나무가 다시 살아나 주인의 뜻을 오래오래 기억하게 한 셈입니다. 정말 기특한 나무라 하지 않을 수 없습니다. 큰 나무 아래 씨앗이 떨어졌다가 나무가 죽은 뒤에 싹을 틔우는 것이 그리 유별난 일은 아닙니다. 그러나 200년 전에 죽은 나무의 씨앗이 싹을 틔웠다면, 씨앗이 200년 동안 땅속에서 다시 살아날 기회를 기다렸다는 이야기여서 놀랍기만 합니다.

오산 궐리사의 은행나무는 공자의 뜻, 유교의 가르침을 실천하려는

우리 민족정신 문화의 상징이라 하기에 충분합니다. 나무가 우리의 일상생활 문화와 정신문화까지 상징할 수 있다고 생각하니, 늘 스쳐 지났던 작은 나무 하나까지도 다시 돌아보게 됩니다.

사람보다 먼저 이 땅에 살면서 사람이 살 수 있는 좋은 땅, 좋은 환경을 만들어낸 나무는 참으로 우리 문화의 귀중한 유산이라 하지 않을 수 없습니다. 사람의 역사가 오롯이 새겨진 오산 궐리사 은행나무처럼 이 땅에서 우리보다 더 오래 영원히 살아남을 수 있도록 나무를 지켜야 합니다. 그것이 우리의 정신을 지키고 문화를 지키며 지금 우리의 삶을 아름답게 가꿔 나가는 귀중한 자세입니다.

한 그루의 은행나무가 긴 세월을 살며 우리 삶과 문화를 지켜왔듯, 앞으로는 우리의 보살핌으로 나무가 더 오래 이 자리를 지키며 살게 해야 합니다. 세상이 아무리 변한다 한들, 우리의 정신만큼은 영원하리라는 믿음의 상징으로 나무는 오래도록 사람들의 기억에 남아야 합니다.

찾아보기

고규홍

이 책을 쓴 고규홍 선생님은 서강대를 졸업하고, 십이 년 동안 중앙일보에서 기자로 일했습니다. 1999년에 퇴직한 후, 이 땅의 크고 작은 나무 이야기를 글과 사진으로 엮어내 세상에 알렸지요. 사람들의 관심에서 밀려나 있던 나무를 찾아내 천연기념물로 지정되게 한 나무도 몇 그루 있습니다. 천연기념물 제470호인 화성 전곡리 물푸레나무와 제492호인 의령 백곡리 감나무가 그런 나무들이에요.

홈페이지인 솔숲닷컴(http://solsup.com)에 '나무를 찾아서' '나무 생각' 등의 칼럼을 쓰고, 이를 '솔숲의 나무 편지'라는 이름으로 독자들에게 십이 년째 배달하고 있어요. 이 홈페이지는 정보통신부에서 지정한 '청소년 권장 사이트'랍니다.

그동안 나무를 찾아보며 쓴 글과 사진을 모아, 『이 땅의 큰 나무』(2003), 『절집나무』(2004), 『옛집의 향기, 나무』(2007), 『주말이 기다려지는 행복한 나무여행』(2007), 『나무가 말하였네』(2008), 『천리포에서 보낸 나무편지』(2011) 등 여러 권의 책과 나무 사진집 『동행』(2010)을 펴냈어요. 아이들을 위해 『알면서도 모르는 나무 이야기』(2006)도 썼습니다.

현재 한림대와 인하대의 겸임교수로 활동하며, 신문과 주간 시사 잡지, 월간 잡지 등에 나무 칼럼을 쓰고 있어요. 앞으로 힘이 될 때까지 사람과 나무가 더불어 살아가는 아름다운 살림살이를 찾아내기 위해 이 땅의 나무들을 더 열심히 만나보려 해요. 특히 이 땅의 내일을 아름답게 꾸밀 우리 아이들에게 정말 필요한 나무 이야기를 더 재미있게 더 많이 들려주기 위해 애쓰고 있답니다.

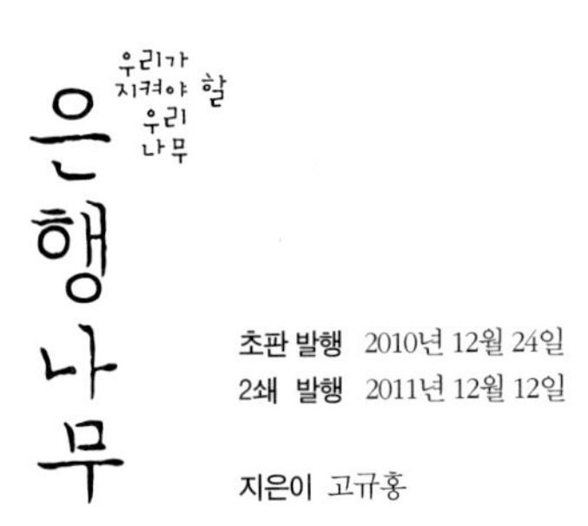

초판 발행 2010년 12월 24일
2쇄 발행 2011년 12월 12일

지은이 고규홍

펴낸이 진선희 **펴낸곳** 도서출판 다산기획 **등록** 제313-1993-103호
주소 (121-840) 서울 마포구 서교동 451-2
전화 02-337-0764 **전송** 02-337-0765
ISBN 978-89-7938-051-4 03480 | 978-89-7938-049-1 (set)